Aishatu Ibrahim

Determinação de alguns metais pesados

Aishatu Ibrahim

Determinação de alguns metais pesados

Metais em amostras de água, solo e sangue de trabalhadores em uma pedreira em Kano

ScienciaScripts

Imprint

Cover image: www.ingimage.com

This book is a translation from the original published under ISBN 978-620-7-64863-4.

Publisher:
Sciencia Scripts
is a trademark of
Dodo Books Indian Ocean Ltd. and OmniScriptum S.R.L publishing group

120 High Road, East Finchley, London, N2 9ED, United Kingdom
Str. Armeneasca 28/1, office 1, Chisinau MD-2012, Republic of Moldova, Europe
Printed at: see last page
ISBN: 978-620-7-70956-4

DEDICAÇÃO

Este livro é dedicado a toda a minha família, que Alá Todo-Poderoso os abençoe a todos amin.

RECONHECIMENTO

Agradeço ao Rei dos Reis, o Todo-Poderoso Alá (S.W.A), por me ter dado a oportunidade de ver o fim deste trabalho com sucesso.

A minha sincera gratidão vai para o meu supervisor, Prof. I Mohammed, o meu mentor, pelo seu apoio incessante durante toda a minha estadia nesta grande Universidade. Esteve sempre presente para me ajudar e a sua motivação foi o que me permitiu realizar a minha tarefa. Que Alá, o Todo-Poderoso, o recompense a ele e à sua família com o mais alto nível de Jannah.

Quero agradecer a todo o pessoal da Universidade Bayero de Kano pela sua contribuição direta ou indireta, que me ajudou fornecendo o equipamento essencial e vital, sem o qual não teria sido capaz de realizar eficazmente este projeto.

Ao meu marido, Dr. Haruna Yakub, que me apoiou tanto espiritual como financeiramente, que Alá lhe dê o melhor neste mundo e no outro.

O meu agradecimento especial vai para os meus familiares, especialmente para os meus pais. As suas orações e conselhos contribuíram muito para o sucesso desta investigação.

Não posso esquecer o esforço e o apoio de Abdullahi (Dododo), do Engenheiro Bashir (Yaya Basiru) e de todo o pessoal da pedreira de Gerawa pela sua cooperação na cedência da sua amostra de sangue para a minha investigação. Que Ele o abençoe a si e à sua família.

Gostaria também de agradecer à minha família Kedco pelo seu apoio e encorajamento. É digno de reconhecimento o contributo do Engenheiro Lawal da Kl e da sua equipa, Abdulrazaq da Compliance, Musa Hausawa, Muhammad Lawan, Haj Zainab, Alkali, Oga Yola, toda a minha família financeira, a minha família das TIC e a minha família da faturação, especialmente Oga Marafa, pelo seu apoio incansável para que eu terminasse o meu trabalho de investigação com êxito.

Para os meus colegas, os químicos analíticos, especialmente Baba Shuaibu, Umar Habib, Munzali e todos os tutores, que Alá vos facilite a vida.

Aos meus amigos, como Amina Abubakar, Nafisa e Anty Faty, que Alá vos dê o melhor dos presentes. Não há palavras suficientes para exprimir o meu apreço por todas as pessoas que participaram nesta grande festa.

Obrigado a todos e que Deus vos abençoe.

Índice

RESUMO

A mortalidade e a morbilidade globais devidas à poluição ambiental estão a aumentar, enquanto uma parte substancial do peso total das doenças foi também associada a factores ambientais, entre os quais a exposição humana a substâncias químicas tóxicas através de actividades antropogénicas. A exploração de pedreiras é uma forma de atividade mineira com consequências associadas para o ambiente e para a saúde; os processos de extração provocam a libertação de metais pesados no ar e nas águas subterrâneas das comunidades anfitriãs. Neste estudo, foram determinados alguns metais pesados em amostras de água, solo e sangue de trabalhadores de uma pedreira em Kano. Foram colhidos cinco mililitros de sangue venoso de onze trabalhadores da pedreira de Gerawa, em Kano. Foram recolhidos cinco (5) litros de cada uma das amostras de água (água do furo e água do tanque) das duas fontes de água da pedreira de Gerawa, utilizando recipientes de plástico limpos e separados. As amostras de solo foram recolhidas do solo superficial a uma profundidade de 15 cm, utilizando um trado de solo. Foram tomadas precauções para evitar a contaminação das amostras. A partir dos resultados, as concentrações médias dos elementos nas amostras de sangue determinadas foram: crómio (0,304 mg/L), chumbo (0,145 mg/L), cobalto (0,301 mg/L), manganês (0,073mg/L) e cobre (1,467mg/L). O níquel só foi detectado numa amostra com uma concentração de 0,471 mg/L. Na amostra de água do furo, o crómio (Cr), o chumbo (Pb), o cobalto (Co), o manganês (Mn) e o cobre (Cu) têm concentrações de 0,221, 0,295, 0,176, 0,039 e 0,014 mg/L, respetivamente. O Ni não foi detectado. Para a amostra de água da lagoa: crómio (Cr), chumbo (Pb), cobalto (Co), manganês (Mn), têm concentrações de 0,256, 0,063, 0,052, e 0,028mg/L, respetivamente, Cu e Ni não puderam ser detectados. Para a amostra de solo: crómio (Cr), chumbo (Pb), cobalto (Co), manganês (Mn), cobre (Cu) e níquel (Ni), têm concentrações de 5,064, 1,260, 0,414, 4,194, 0,754 e 0,226mg/g, respetivamente.

CAPÍTULO 1

1. 0 INTRODUÇÃO

1.1 Metais pesados

Os poluentes ambientais que estão amplamente distribuídos incluem os metais pesados, que resultam de várias actividades humanas, incluindo a queima de fósseis, actividades industriais e várias outras(Li *et al.,* 2019). O ambiente está amplamente contaminado com metais pesados e a exposição é de longa data em contextos profissionais(Leelapongwattana e Bordeerat, 2020). Este facto provoca graves problemas de saúde e mutações nos seres humanos (Leelapongwattana e Bordeerat, 2020). Fergusson (1990) define metais pesados como elementos metálicos que têm uma densidade relativamente alta, superior a $5g/cm^3$, em comparação com a água. Uma caraterística conhecida partilhada pelos metais pesados encontrados no ambiente é a acumulação no corpo dos organismos vivos quando são ingeridos, resultando na elevação da sua concentração no sangue (Moradi *et al.,* 2016).

O perigo ambiental é aumentado pelas actividades humanas, como a exploração mineira, que é uma fonte vital de metais pesados em áreas onde estão domiciliadas as indústrias envolvidas nessas actividades (Campos *et al.,* 2021). Vários outros processos que resultam na libertação de metais pesados que afectam os seres humanos incluem a refinação de metais, a fundição, a soldadura, a galvanoplastia e o fabrico de semicondutores (Donald *et al.,* 2015).

Os metais pesados são resíduos perigosos que têm um efeito muito significativo nos seres humanos, animais e plantas (Jarup, 2003). No entanto, muitos metais pesados são utilizados para vários fins. Metais como o ferro (Fe), o cobre (Cu) e o zinco (Zn) são essenciais para o corpo humano em quantidades mínimas e possuem propriedades de ligação ao ADN (Leelapongwattana e Bordeerat, 2020). Pequenas quantidades destes metais são benéficas para os organismos vivos, mas devido à sua natureza de não decomposição em grandes quantidades, acumulam-se na cadeia alimentar e, por conseguinte, causam perigo (Rzymski *et al.,* 2014). Os metais pesados tóxicos que suscitam grande preocupação incluem o chumbo (Pb), o cádmio (Cd), o cobre (Cu), o crómio (Cr), o mercúrio (Hg) e o arsénio (As) (Leelapongwattana e Bordeerat, 2020).

Foi relatado que metais como o cobalto (Co), o cobre (Cu), o crómio (Cr), o ferro (Fe), o magnésio (Mg), o manganês (Mn), o molibdénio (Mo), o níquel (Ni), o selénio (Se) e o zinco (Zn) são nutrientes essenciais que são necessários para várias funções bioquímicas e fisiológicas (Tchounwou *et al.,* 2012). O fornecimento inadequado destes micronutrientes resulta numa variedade de doenças ou síndromes de deficiência (Tchounwou *et al.,* 2012). O chumbo (Pb), o cádmio (Cd), o mercúrio (Hg) e o arsénio (As) estão amplamente dispersos no ambiente. Estes elementos não têm efeitos benéficos nos seres humanos e não se conhece nenhum mecanismo de homeostasia para eles (Moráis *et al.*, 2012). São geralmente considerados os mais tóxicos para os seres humanos e os animais. Os efeitos adversos para a saúde humana associados à exposição a estes elementos, mesmo em baixas concentrações, são diversos e incluem, mas não se limitam a, ação neurotóxica e carcinogénica (Morais *et al.*, 2012).

Os metais pesados são amplamente utilizados em múltiplos sectores industriais, domésticos e agrícolas,

actividades médicas e tecnológicas. Este facto levou à sua ampla distribuição no ambiente, o que suscita preocupações quanto aos seus potenciais efeitos na saúde humana e no ambiente. Factores do ião, como a dose, a via de exposição e as espécies químicas, bem como factores humanos, como a idade, o sexo, a genética e o estado nutricional dos indivíduos expostos, determinam a sua toxicidade (Tchounwou *et al.*, 2012).

O impacto dos seres humanos no ambiente tem sido uma fonte de preocupação desde há várias décadas (Dávid, 2008). A interação dos seres humanos com o ambiente geográfico envolve muitos componentes da Terra, incluindo os constituintes físicos da Terra, a superfície da Terra, as suas formas de relevo e outros processos importantes. Por exemplo, as substâncias mais frequentemente extraídas para a indústria da construção são as matérias-primas utilizadas pelas indústrias envolvidas na produção de cal e cimento, pedras de construção e ornamentais, areias e cascalhos (Dávid, 2008).

Uma atividade humana bem conhecida que envolve a extração de rochas da terra, esmagadas e peneiradas para produzir os tamanhos de agregados necessários é a exploração de pedreiras (Al- Otaibi *et al.,* 2018). A exploração de pedreiras traz muitos benefícios para o ambiente, tais como pedras utilizadas em construções, bem como resíduos perigosos que poluem o ambiente, causando muitas doenças aos seres humanos, tais como dificuldade em respirar, tosse, espirros, problemas oftalmológicos, irritações da pele, entre outros (Al- Otaibi *et al.,* 2018). Os trabalhadores que estão ligados a actividades mineiras como a perfuração, a explosão, a trituração e o peneiramento têm um risco significativo de exposição a metais pesados (Donald *etal.,* 2015).

Num artigo sobre a exploração de pedreiras, Lorant David afirmou que "pode afirmar-se que a distribuição espacial da exploração de pedreiras em geral é bastante homogénea, no sentido em que, se as condições geológicas o permitirem, quase não existem povoações de montanha sem uma pedreira de qualquer dimensão aberta nas suas imediações durante a sua história" (Dávid, 2008). Para além destas condições geológicas, outros factores, como as condições topográficas da zona, são tidos em conta na seleção do local da pedreira. Alguns tipos de pedreiras prevalecem em terrenos montanhosos ou acidentados, ao passo que em zonas planas é aplicada a extração em profundidade para se poder alcançar a superfície rochosa. No entanto, existem tipos intermédios de exploração de pedreiras que também são aplicados ocasionalmente. As características das rochas extraídas (metamórficas, ígneas ou sedimentares) desempenham um papel importante nas decisões das indústrias de extração (David, 2008).

Foi relatado que os componentes da célula, como o ADN e as proteínas nucleares, são afectados pelos iões metálicos, provocando danos e alterações que podem levar à alteração do ciclo celular, à carcinogénese ou à apoptose (Tchounwou *et al.*, 2012).

Verificou-se que os metais pesados se acumulam no corpo dos seres vivos, incluindo os seres humanos, quando são ingeridos com uma taxa de armazenamento mais rápida do que o metabolismo e a eliminação (Verma, 2017). Entram nas massas de água e nos abastecimentos através de resíduos industriais e de consumo e da chuva ácida. O Centro Internacional para a Segurança e a Saúde no Trabalho (1999) referiu que a toxicidade dos metais pesados pode provocar alterações irreversíveis no cérebro ou uma redução da função mental e do sistema nervoso central, níveis de energia mais baixos e danos na composição do sangue, nos pulmões, nos rins, no fígado e noutros órgãos vitais. Foi também referido que a exposição a longo prazo pode resultar em processos degenerativos físicos, musculares e neurológicos que progridem lentamente e que imitam a doença de Alzheimer, a doença de Parkinson, a distrofia muscular e a esclerose múltipla (Verma, 2017).

Foi relatado que a irrigação com águas residuais industriais resultou em uma grande área de solo poluído e indiretamente levando à contaminação de grãos até milhões de toneladas a cada ano na China (He etα/.,2015).

Os metais pesados determinados nesta investigação incluem: Chumbo (Pb), Cobre (Cu), Crómio (Cr), Manganês (Mn), Níquel (Ni) e Cobalto (Co).

1.1.1 Chumbo (Pb)

O chumbo é um elemento químico não degradável, considerado a substância mais perigosa e sem significado biológico do grupo dos metais pesados no ambiente (Wani *et al.,* 2015). É um elemento de cor cinzento-azulada que ocorre naturalmente em quantidades mínimas na terra (Tchounwou *et al.,* 2012). O Pb acumula-se nos ecossistemas, levando a vários problemas de saúde (Wani *et al.,* 2015). O envenenamento por chumbo é uma doença grave e por vezes fatal. Ocorre quando o chumbo se acumula no corpo. O envenenamento por chumbo pode causar graves deficiências físicas e mentais, como perda de memória, dores de cabeça, fadiga e disfunção renal,

pressão arterial elevada, anemia, entre outros (www.healthline.com, 2018). O Pb existe em várias formas na terra, incluindo metálico, sais de Pb e compostos orgânicos de Pb (Assi *et al.,* 2016). O chumbo é utilizado em muitas indústrias, incluindo as indústrias de processamento de metais, mineração e baterias (Karrari *et al.*, 2012). No ambiente, as principais fontes de libertação de Pb incluem a galvanoplastia, a fundição e a combustão associada, o fabrico de tintas e pinturas, a indústria dos plásticos, os tecidos, o fabrico de iates, a indústria gráfica e os materiais de conservação (Wani *etal.*, 2015).

1.1.2 Cobre (Cu)

O cobre é um mineral abundante que pode existir numa grande variedade de tipos de rochas em níveis vestigiais (Flemming e Trevors, 1989). Também está presente no interior do corpo humano em várias células e órgãos em níveis micro, entre os órgãos, o fígado tem a quantidade mais considerável (Tumlund, 2018). Ajuda o corpo a produzir as células sanguíneas e mantém as células nervosas e o sistema imunitário saudáveis. Também ajuda a formar colagénio, uma parte essencial dos ossos e do tecido conjuntivo. O cobre também pode atuar como um antioxidante, reduzindo os radicais livres que podem danificar as células e o ADN (www.drlwilson.com, 2018). Os sintomas agudos de envenenamento por cobre por ingestão incluem vómitos, hematémese (vómito de sangue), hipotensão (pressão arterial baixa), melena (fezes negras), coma, iterícia (pigmentação amarelada da pele) e problemas gastrointestinais. A exposição crónica (a longo prazo) ao cobre pode danificar o fígado e os rins (www.drlwilson.com, 2018). A água natural contém tipicamente concentrações de Cu que variam entre 4 e 10 µg/L; a sua maioria está ligada a moléculas orgânicas, enquanto o seu nível médio é de cerca de 50 ppm nos solos (Gaetke e Chow, 2003). As substâncias de Cu são necessárias nas actividades agrícolas. Estas actividades aumentam a concentração acima dos níveis normais. Outras actividades antropogénicas que resultam na libertação de Cu para o ambiente incluem: mineração, curtimento, revestimento de metais e fabrico de produtos electrónicos (Ahluwalia e Goyal, 2007).

1.1.3 Crómio (Cr)

O metal Cr representa o sexto metal de transição mais comum e um dos elementos mais naturalmente existentes na Terra. Pode existir em formações naturais associadas a outros elementos diferentes, como a cromite férrica (FeCr2O4) (Mohan et al., 2006). É um metal pesado perigoso com vários estados de valência que variam de -2 a 6+ (Tchounwou *et al.,* 2012). Cr (VI) e Cr (III) são as duas formas mais estáveis (Kirti e Sreemoyee, 2015). É tipicamente libertado nas fontes de água através de muitas indústrias, como a produção de corantes para pintura e materiais de proteção da madeira, a indústria têxtil, a eletrólise, os curtumes, o revestimento de metais e o processo de síntese de cromatos (Babalola et al., 2019). Cr^{3+} é um oligoelemento essencial necessário no corpo humano para o metabolismo normal dos hidratos de carbono. Estimula a síntese de ácidos gordos e colesterol, que são importantes para a função cerebral e outros processos corporais. O crómio também ajuda a insulina a transportar a glicose para as células, onde pode ser utilizada como energia. No entanto, o Cr^{6+} provocou efeitos secundários em algumas pessoas, tais como irritação da pele, dores de cabeça, tonturas, náuseas, alterações de humor e perturbações do raciocínio, do julgamento e da coordenação. Doses elevadas têm sido associadas a efeitos secundários mais graves, incluindo distúrbios sanguíneos, danos no fígado ou nos rins e outros problemas (www.dovemed.com, 2018).

1.1.4 Manganês (Mn)

O Mn é um tipo de metal de transição vermelho-acinzentado, é um dos elementos mais abundantes na crosta terrestre com uma proporção de 0,095%. Existe numa variedade de minérios, óxidos e carbonatos, e está amplamente distribuído no solo, na água e nos sedimentos. O Mn pode existir em diferentes estados de oxidação, tais como: +2, +3, +4, +6 e +7, e permanece principalmente na forma de Mn^{2+} em águas a pH 4-7, e formas de oxidação mais elevadas estarão presentes a pH mais elevado ou devido à oxidação microbiana (Therdkiattikul *et al.,* 2020). Também tem valor biológico, mas é necessário em concentrações vestigiais. A exposição crónica a níveis excessivos de manganês pode levar a uma variedade de perturbações psiquiátricas e motoras, denominadas manganismo. Nas fases iniciais do manganismo, os sintomas neurológicos consistem numa redução da velocidade de resposta, irritabilidade, alterações de humor e comportamentos compulsivos. Após uma exposição prolongada, os sintomas tornam-se mais proeminentes (Miah *et al.,* 2020). O Mn tem sido amplamente utilizado na produção de metalurgia não ferrosa, aço, baterias, materiais de eléctrodos e catalisadores (Sihaib *et al.,* 2017).

1.1.5 Níquel(Ni)

O Ni metálico é o vigésimo quarto mineral mais comum na terra, é um metal que representa um grande perigo para a saúde pública e a ecologia (Suie *et al.,* 2020). A sua concentração é estimada em 50ppm na terra (Barceloux, 1999). Tem um aspeto branco prateado, com vários estados de valência que variam entre -1 e +4 (Barceloux, 1999). O estado de oxidação do Ni^{+2} é o mais comum nos biossistemas entre os seus diferentes estados de valência (Valko et al., 2005). A maior parte do Ni existe como hidróxidos numa fase sólida em que os valores de pH são superiores a 6,7, enquanto os complexos de Ni têm uma solubilidade moderada quando os valores de pH são inferiores a 6,5 (Valko *et al.,* 2005). As concentrações de Ni nos solos são tipicamente inferiores a 100mg/kg, enquanto as suas concentrações são geralmente inferiores a 0,005 mg/kg nas águas superficiais (Mcllveen e Negusanti, 1994). Na água doce, a concentração pode variar entre 1 e 10 µg/L, podendo ser muito mais elevada e variar entre algumas centenas e 1000 µg/L em águas poluídas (Pane *et al.,* 2003). O corpo humano precisa de níquel, mas em quantidades muito pequenas. O excesso de níquel pode provocar erupções cutâneas (chamadas dermatites de níquel), náuseas, tonturas, diarreia, dores de cabeça, vómitos, dores no peito, fraqueza e tosse. O contacto com o vapor de níquel pode provocar inchaço do cérebro e do fígado; degeneração do fígado; irritação dos olhos, da garganta e do nariz; e vários tipos de cancro (www.herbalremedies.com, 2018). Diferentes substâncias relacionadas com o níquel podem ser utilizadas nas indústrias, como o acetato de níquel (Ni(CH3C02)2·4H20), o óxido de níquel (NiO), o hidróxido de níquel (Ni(OH)2) e o carbonato de níquel (Ni4CO3(OH)6(H2O)4)(Cempel e Nikel, 2006). Estas substâncias acumulam-se gradualmente no ambiente, causando assim perigo (Cempel e Nikel, 2006)

1.1.6 Cobalto (Co)

O metal Co é um dos metais mais invulgares à superfície do planeta. O Co é uma substância dura, brilhante e prateada, com um aspeto atraente e resistente à ferrugem, que partilha muitas características químicas com outros elementos como o Ni e o Fe (Barceloux, 1999). O Co encontra-se em dois estados de oxidação: (Co^{+2}) e (Co^{+3}); Co^{+2} é o mais comum (Barceloux, 1999). O Co é libertado para o ambiente a partir de equipamentos eléctricos e electrónicos durante a reciclagem, o que resulta em quantidades muito acima do nível regulamentar local (Nnorom e Osibanjo, 2009). O Co é utilizado no organismo para ajudar a absorver e processar a vitamina B12. Também ajuda a tratar doenças como a anemia e certas doenças infecciosas. O cobalto também ajuda na reparação da mielina, que envolve e protege as células nervosas. Ajuda na formação de hemoglobina (glóbulos vermelhos). As formas inorgânicas de cobalto, presentes sob a forma de iões, são tóxicas para o corpo humano e, quanto mais tempo são armazenadas no organismo, mais alterações provocam nas células (www.medlineplus.gov, 2018). A exposição do ser humano a níveis de cobalto normalmente encontrados no ambiente não é prejudicial. No entanto, quando é ingerido demasiado cobalto no organismo, podem ocorrer efeitos nocivos para a saúde. A toxicidade do cobalto pode fazer com que os doentes sofram de febre, inflamação e níveis baixos de tiroide. Alguns pacientes também relataram insuficiência cardíaca, perda de visão, perda de audição e danos nos órgãos (www.medlineplus.gov, 2018). Além disso, o Co é frequentemente utilizado como agente secante em algumas tintas e vernizes, bem como em pigmentos de cor azul Co para decorar vasos de cerâmica (Jensen e Tuchsen, 1990).

1.2 JUSTIFICAÇÃO

Foi demonstrado que quase não existem povoações de montanha sem uma pedreira de qualquer escala aberta nas suas imediações durante a sua história e, quando a exploração de pedreiras também visa atingir mercados a uma maior distância, as pressões do mercado tornam-se mais importantes, pelo que, nalguns casos, a exploração de pedreiras pode apresentar uma concentração bastante elevada em determinadas áreas (Dhvid, 2008).

Apesar da existência de muitas indústrias de pedreiras nas áreas rochosas da região noroeste da Nigéria, é difícil encontrar investigações que estimem e comparem os níveis de metais pesados no tecido corporal dos trabalhadores das pedreiras em Kano.

Este estudo ajudará a determinar alguns metais pesados nas amostras de solo, água e sangue dos trabalhadores de uma pedreira em Kano que, se forem considerados significativos, ajudarão a recomendar o reforço das medidas de segurança no interesse dos trabalhadores, dos habitantes da zona e do público em geral.

1.3 OBJECTIVOS

1.3.1. Objetivo

O objetivo desta investigação é determinar as concentrações de alguns metais pesados (cobre, chumbo, cobalto, níquel, crómio e manganês) no solo, na água e em amostras de sangue de trabalhadores de uma pedreira em Kano.

1.3.2. Objectivos específicos

I. Para determinar o nível de contaminação dos metais pesados no sangue amostras de trabalhadores de uma pedreira de Kano através da utilização da espetrometria de absorção atómica (AAS).

II. Para determinar o nível de contaminação de metais pesados no solo e amostras de água de uma pedreira em Kano.

III. Comparar os níveis de metais pesados no solo, na água e no sangue amostras de trabalhadores no local da pedreira com as normas nacionais e internacionais.

CAPÍTULO 2

2.0 REVISÃO DA LITERATURA

Foram realizados vários estudos em todo o mundo para determinar os níveis de metais pesados no sangue e nos tecidos corporais de seres humanos e animais, na água e no solo, especialmente em áreas onde são proeminentes as actividades que envolvem estes metais pesados.

Num estudo realizado por Sanders *et al,* (2019), para avaliar a associação entre a coexposição ao chumbo (Pb), cádmio (Cd), mercúrio (Hg) e arsénico (As), medidos na urina (Umix), sangue (Bmix) e parâmetros renais de adolescentes nos Estados Unidos, verificou-se que em modelos de regressão de soma de quantis ponderados (SQP), onde cada aumento decil de Umix foi associado a 1.6% (IC 95%: 0,5, 2,8) maior de azoto ureico no sangue (BUN), 1,4% (IC 95%: 0,7, 2,0) maior de eGFR, e 7,6% (IC 95%: 2,4, 13,1) maior de albumina na urina. A associação entre o Umix e o BUN foi principalmente impulsionada pelo As (72%), enquanto a associação com a taxa de filtração glomerular estimada (eGFR) foi impulsionada pelo Hg (61%) e Cd (17%), e a associação com a albumina na urina foi impulsionada pelo Cd (37%), Hg (33%) e Pb (25%). O estudo não encontrou uma relação significativa entre a Umix e o ácido úrico sérico (SUA) ou a pressão arterial sistólica (PAS). Nos modelos WQS utilizando os metais sanguíneos combinados, Bmix, cada decil de aumento de Bmix foi associado a 0,6% (95% CI:

0,0, 1,3) de SUA mais elevado; esta associação foi impulsionada por Pb (43%), Hg (33%) e Cd (24%) e foi marginalmente significativa (p=0,05). Não foram observadas associações entre Bmix e albumina na urina, eGFR, BUN ou SBP. Concluiu-se que os metais, incluindo o As, o Pb, o Hg, o Cd e as suas combinações, podem afetar os parâmetros renais e que isto tem um impacto significativo na função renal devido à exposição precoce e pode ter consequências de longo alcance mais tarde na vida, no desenvolvimento de hipertensão, doença renal e disfunção renal.

Num estudo realizado por Wei *et al.,* (2019), para determinar as concentrações sanguíneas de metais pesados de cádmio, chumbo e mercúrio com o relato de eczema na população dos EUA, verificou-se que as concentrações médias em adultos eram de 0,55ug/L para o cádmio, 1,75ug/dL para o chumbo e 1,69ug/L para o mercúrio. As concentrações médias nos não adultos foram de 0,22ug/L para o cádmio, 1,24ug/dL para o chumbo e 0,68ug/L para o mercúrio. A concentração de metais pesados no sangue tendeu a ser mais elevada nos homens, nas pessoas mais velhas e nas pessoas com problemas cardíacos. O estudo indicou que nenhum dos metais pesados foi significativamente associado a um aumento do eczema depois de as potenciais variáveis de confusão terem sido ajustadas nos modelos.

Weaver *et al.,* (2009) numa análise conjunta do cádmio e do chumbo no sangue e da doença renal na população dos EUA, descobriram que os níveis médios geométricos de cádmio e chumbo no sangue eram de 0,41 lg/L (3,65 nmol/L) e 1,58 Ig/dL (0,076 nmol/L), respetivamente, entre a população adulta estudada. No estudo, os odds ratios para albuminúria (30 mg/g de creatinina), taxa de filtração glomerular estimada reduzida (eGFR) (e tanto a albuminúria como a eGFR reduzida foram de 1,92 (95% Intervalo de Confiança (IC): 1,53, 2,43), 1,32 (95% IC: 1,04, 1,68), e 2,91 (95% IC: 1,76, 4,81), respetivamente, após ajustamento dos co-fundadores de idade, factores de risco de doença renal crónica e sociodemográficos. Os rácios de probabilidade comparando os participantes nos quartis mais elevados com os mais baixos de cádmio e chumbo foram de 2,34 (IC 95%: 1,72, 3,18) para a albuminúria, 1,98 (IC 95%: 1,27, 3,10) para a redução da taxa de filtração glomerular e 4,10 (IC 95%: 1,58, 10,65) para ambos os resultados (creatinina).

Num estudo realizado no México por Lopez-Rodriguez *et al.,* (2017) para avaliar os metais pesados no sangue e o nível de hemoglobina em crianças. Foi analisado um total de 88 amostras de crianças anémicas e 208 de crianças não anémicas com idades compreendidas entre os 6 e os 12 anos. Chumbo (35,1%), crómio (24,3%), vanádio (24,3%), níquel (45,6%) e silício (48,6%) foram identificados nas amostras, sendo o titânio detectado apenas em crianças anémicas. O nível médio de arsénio foi mais elevado nas crianças anémicas do que nas não anémicas (0,041 ± 0,11 wt% vs 0,014 ± 0,05 wt%, $p < 0,05$) e correlacionou-se com a concentração de hemoglobina ($r = -0,441$, $p < 0,01$). O estudo concluiu que os metais pesados, que conferem um risco para a saúde, foram detectados no sangue seco das crianças avaliadas, e os níveis de arsénico e titânio foram considerados relacionados com a anemia.

Li *et al.*, (2019) estudaram o efeito da exposição a metais pesados em mulheres grávidas e a sua associação com o peso à nascença e o comprimento dos recém-nascidos em Pequim. Os níveis de 10 metais pesados, incluindo chumbo (Pb), titânio (Ti), manganês (Mn), níquel (Ni), cádmio (Cd), crómio (Cr), antimónio (Sb), vanádio (V) e arsénio (As), foram medidos em 156 pares de sangue materno e do cordão umbilical. O Pb, As, Ti, Mn e Sb apresentaram taxas de deteção elevadas (>50%) tanto no sangue materno como no sangue do cordão umbilical. Catorze (9%) mães tinham níveis de Pb no sangue superiores ao limite permitido pelo Centro de Controlo de Doenças dos Estados Unidos para crianças (50µg/L). Na exposição pré-natal a estes metais pesados, não foi encontrada uma associação significativa entre qualquer metal pesado e o peso/comprimento à nascença. Os investigadores estimaram uma eficiência de transferência placentária de cada metal pesado, e a mediana da eficiência de transferência placentária variou de 49,6% (Ni) a 194% (Mn) (exceto para Cd e Sn). O estudo recomenda que a investigação prospetiva se centre na fonte e no risco dos metais pesados em mulheres grávidas não expostas profissionalmente.

Leelapongwattana e Bordeerat, (2020) investigaram de forma semelhante os efeitos genotóxicos de certas misturas de metais pesados, incluindo chumbo (Pb), cobre (Cu), zinco (Zn) e estanho (Sn), aos quais os trabalhadores estão expostos numa indústria transformadora tailandesa. Verificaram que a concentração média de Pb no sangue era significativamente mais elevada ($p<0,001$) no grupo de exposição ocupacional (20,55±15,60μg/dL) do que no grupo de controlo (10,18±6,45μg/dL). As concentrações médias de Cu e Sn foram também significativamente mais elevadas ($p<0,001$) no grupo de exposição ocupacional (113,72±25,80 e 0,98±0,70μg/dL, respetivamente) do que no grupo de controlo (58,10±16,00 e 0,59±0,36μg/dL, respetivamente). No entanto, a concentração média de Zn no sangue do grupo de exposição ocupacional não variou significativamente em relação à do grupo de controlo ($p>0,05$). Concluiu-se que a exposição crónica a diferentes metais pesados causa efeitos genotóxicos nos seres humanos e que a mistura de metais pesados (Pb, Sn e Cu) nas indústrias transformadoras representa um risco elevado para a saúde devido a danos no ADN.

Al-Ramadi *et al.,* (2016) avaliaram a concentração de alguns metais tóxicos em amostras de sangue de fumadores na Arábia Saudita e compararam com controlos não fumadores. Verificaram que as concentrações médias de cádmio (Cd), chumbo (Pb), arsénio (As), mercúrio (Hg) e níquel (Ni) eram de 0,23 ± 0,30, 26,42 ± 20,08, 19.43 ± 10,00, 8,77 ± 6,98 e 79,57 ± 70,51), respetivamente, para os fumadores de cigarros, (0,31 ± 0,19, 8,11 ± 8,60, 4,80 ± 3,01, 13,05 ± 3,01 e 9,96 ± 5,00), respetivamente, para os fumadores de cachimbo de tabaco e 0,07 ± 0,20,3,89 ±

5,82,10,09 ± 2,75,

10.44 ± 5,37 e 1,60 ± 2,77), respetivamente para os não fumadores. Os resultados mostraram que as concentrações sanguíneas de metais pesados nos fumadores eram superiores às dos não fumadores.

Moradi *et al.*, (2016), numa abordagem diferente, estudaram as concentrações de alguns metais pesados (Cd, Pb, Ni, Fe, Co, Cr, Mn, Cu e Zn) nas amostras de soro sanguíneo de 25 pacientes que sofriam de esclerose múltipla (EM) e que viviam em duas regiões industriais de Isfahan, no Irão, utilizando um instrumento de plasma indutivamente acoplado (ICP). Nas regiões industriais, alguns dos metais pesados foram também medidos nos solos e em amostras de culturas alimentares (trigo, arroz e cebola). Os resultados mostraram igualmente que os níveis séricos de Cd, Co, Ni e Pb no sangue dos doentes com esclerose múltipla (0,032, 0,56, 1,60 e 2,90µg/L), respetivamente, eram significativamente mais elevados do que os das pessoas saudáveis. Estes valores excederam os intervalos permitidos que são (0,08-0,50, 0,14-1,0, e 0,80-2,50µg/L) para o Co, Ni e Pb, respetivamente. Entretanto, verificou-se que as concentrações médias de Fe e Zn no soro sanguíneo dos doentes com EM (529 e 547µg /L) eram significativamente inferiores às das pessoas saudáveis e também inferiores aos intervalos aceitáveis (7001700 e 660-1100µg/L, respetivamente). Verificou-se também que os quocientes de perigo alvo de Pb (2,23) e Cd (1,25) através do consumo de trigo e Pb (1,34) através do consumo de arroz eram superiores a um. Como resultado destes resultados, foi proposto que o consumo de culturas alimentares locais contaminadas pode ter aumentado drasticamente as concentrações de metais pesados no soro sanguíneo humano de habitantes de regiões industriais.

Cusick *et al.,* (2018) avaliaram os níveis sanguíneos de metais pesados, incluindo chumbo e manganês, em crianças saudáveis que vivem na povoação de Katanga, em Kampala, no Uganda. Os resultados indicam que a prevalência de níveis sanguíneos elevados foi elevada para seis dos metais: antimónio (99%), cobre (12%), cádmio (17%), cobalto (19,2%), chumbo (97%) e manganês (36,4%). %). Verificou-se que um maior teor de manganês no sangue estava significativamente associado ao facto de ter paredes ($p = 0{,}04$) ou chão de cimento ($p = 0{,}04$), o cádmio era maior entre as crianças que frequentavam a escola ($< 0{,}01$) e o cobalto era maior entre as crianças que viviam perto de um aterro de lixo ($p = 0{,}01$).

Em Ibadan, no sudoeste da Nigéria, Peter *et al.,* (2016) estudaram amostras de solo nas imediações de uma fábrica de automóveis. Os resultados mostram, em geral, uma diminuição das concentrações de chumbo (Pb) com o aumento da distância à empresa nas quatro direcções diferentes (Noroeste, Nordeste, Sudoeste e Sudeste). Os outros metais pesados avaliados não mostram qualquer tendência clara com o afastamento da fábrica. As concentrações médias de Pb, Zn, Cr, Cd, Fe e Cu foram 59,13±48,9 (intervalos 5,00 - 182,00mg/kg), 2,68±1,1 (intervalos 0,4 - 5,2mg/kg), 1,62±2.4 (intervalo ND - 8,7mg/kg), 0,08±0,09 (intervalo ND - 0,24mg/kg),

49,44±16,5 (intervalo 12,5 - 70 mg/kg) e 4,94±2,6mg/kg (intervalo 0,5 - 10,5mg/kg), respetivamente. Verificou-se também que a concentração média de Pb era quatro vezes superior à média crustal normal para os solos, enquanto os outros metais pesados estavam abaixo do nível de fundo normal. O estudo indicou que o Pb é o principal metal pesado afetado nos solos pela empresa.

Num estudo de Abdullahi e Mohammed (2020) intitulado Especiação, biodisponibilidade e risco para a saúde humana dos metais pesados no solo e nos espinafres (Amaranthus spp.) na metrópole de Kano, no noroeste da Nigéria, foram recolhidas oito amostras de solo e de espinafres utilizando o método de amostragem composta. Os resultados revelaram que uma fração significativa dos metais pesados existe na forma de ligação de carbonato (63,57%), que é acessível à planta, depois residual (11,46%), óxido de Fe-Mn (9,39%), ligação orgânica (8,12%) e forma permutável (7,53%), além disso, o Ni (100,02 mg/kg) e o Pb (29,02 mg/kg) têm a concentração mais elevada nos espinafres. A biodisponibilidade dos poluentes químicos foi classificada nesta direção como: Ni > Cd > Pb > Zn & Cu > Cr. O elevado potencial de efeito não carcinogénico do Ni e o efeito carcinogénico na área devem-se a valores elevados de proporção de risco e guia de risco. A forma disponível de metais pesados está presente em proporções substanciais e, consequentemente, existe uma séria ameaça no que diz respeito ao efeito carcinogénico.

Bello *et al.*, (2016) relataram as vias de exposição e os níveis de Pb no sangue em crianças com menos de 7 anos de idade e adultos (acima de 18 anos) da comunidade Adudu que vivem perto de uma mina de chumbo-zina em Nasawara, Nigéria. Os níveis médios e medianos de Pb no sangue de crianças e adultos foram de 2,1 e 1,3µg/dL, 3,1 e 1,8µg/dL, respetivamente. No entanto, é relatado que 14% dos adultos têm níveis de Pb no sangue acima de 5µg/dL, conforme recomendado pelos Centros de Controlo e Prevenção de Doenças (CDC). Além disso, o estudo relatou que 68% do sangue dos adultos excedeu o nível de ação de Pb no sangue de 2µg/dL. No grupo de crianças, 11,4% e 31% das amostras de sangue excederam 5µg/dL e 2µg/dL, respetivamente, enquanto nenhum nível seguro de Pb no sangue em crianças foi recomendado no momento do estudo. Este estudo referiu que as actividades mineiras podem desencadear riscos prejudiciais para a saúde dos habitantes locais que vivem nas proximidades. Os autores recomendaram a adoção de legislação sanitária adequada e a realização de intervenções urgentes para proteger as pessoas, especialmente as crianças, da exposição ao Pb. Foi sugerido que são necessárias mais análises para compreender a fonte de Pb proveniente da exposição geológica e antropogénica ao Pb. Por último, recomendou-se a realização de uma monitorização periódica do Pb no sangue das crianças e a educação da população local para controlar os níveis de Pb no sangue das crianças e dos adultos.

Akinola *et al.*, (2015) avaliaram a magnitude da contaminação por metais pesados das águas subterrâneas em Misau, no nordeste da Nigéria, utilizando a Espectrometria de Absorção Atómica (AAS) de chama. Verificaram que as concentrações de metais pesados nas águas subterrâneas da área de estudo variavam entre 0,028 e 0,078 mg/L para o Pb, 0,018 e 0,044 mg/L para o Cd, 0,241 e 0,979 mg/L para o Cu, 0,452 e 1,021 mg/L para o Mn, 0,005 e 0,052 mg/L para o Ni, e 0,430 e 1,036 mg/L para o Zn. Os resultados também mostraram que as concentrações de Pb, Cd e Mn excederam as directrizes da Organização Mundial de Saúde para a qualidade da água potável em 25%, 40% e 5% das amostras de água subterrânea examinadas, respetivamente. O estudo recomendou uma necessidade urgente de remediação e monitorização regular das águas subterrâneas em Misau.

Ogundele *et al.,* (2015) estudaram a concentração de metais pesados em amostras de plantas de pastagem e de solo ao longo de estradas de tráfego intenso no centro-norte da Nigéria e compararam com amostras de controlo recolhidas noutros locais. A concentração de chumbo nas plantas dos locais foi encontrada entre 24-142mg/kg e 24- 157,667mg/kg nas amostras de solo. O cobre foi encontrado entre 28,55-115,2mg/kg e 7,70- 80,13mg/kg em amostras de plantas e de solo, respetivamente. O zinco varia entre 13,001-20,45 mg/kg e 30,8- 219,23mg/kg nas plantas e no solo, respetivamente. O cádmio encontrava-se entre o LDB-0,400mg/kg e o LDB-0,366mg/kg nas plantas e no solo. O crómio foi detectado entre o LDB-53,65mg/kg e 10,57-77,10mg/kg nas plantas e no solo, respetivamente. O níquel foi detectado entre 1,65-11,85mg/kg e 1,83- 14,87mg/kg em amostras de solo e plantas. Os metais pesados (Cd, Zn, Cu, Cr, Pb e Ni) nas amostras de controlo foram de 0,35, 40,00, 88,55, 0,65, 238 e 0,65mg/kg para Cádmio, Zinco, Cobre, Crómio, Chumbo e Níquel nas plantas, respetivamente. As amostras de solo apresentavam valores entre 0,066, 9,50, 4,83, 55,63, 33,667, 4,33 mg/kg de zinco, cobre, crómio, chumbo e níquel, respetivamente. Com base neste estudo, verificou-se que as plantas e o solo ao longo das bermas das estradas apresentavam uma elevada concentração de metais pesados.

Odoma *et al.*, (2013) realizaram um estudo para a avaliação das águas subterrâneas na metrópole de Makurdi, no centro-norte da Nigéria, quanto à possível contaminação por oficinas mecânicas de automóveis. Verificou-se que as concentrações de metais pesados estavam dentro dos limites aceitáveis da OMS para a água potável, com exceção das concentrações de Zn e Cd, que excederam os limites da OMS de 1,5 mg/L e 0,001 mg/L, respetivamente, em algumas das amostras. Os resultados indicaram que as actividades que têm lugar nas oficinas mecânicas afectam o nível das concentrações de metais pesados nas áreas e concluíram que os níveis elevados de metais pesados constituem uma séria ameaça para as águas superficiais e subterrâneas.

Yashim *et al.*, (2020) determinaram a concentração de metais pesados em tintas para cabelo e o seu potencial risco para a saúde a partir de amostras recolhidas no mercado de Samaru, Zaria, Nigéria. A concentração de metais pesados (Pb, Cr, Cd, Ni e Cu) foi determinada utilizando o espetrofotómetro de absorção atómica (AAS) e as concentrações encontradas em mg/kg foram: (1) Tintura mineral pura: 97,10±0,013 (Pb), 42,45±0,002 (Cr), 3,80±0,005 (Cd), 7,40±0,008 (Ni) e 65,10±0,003 (Cu). (2) Henna: 19,50±0,003 (Pb), 7,20±0,000 (Cr), 5,40±0,002 (Cd), 6,60±0,005 (Ni) e 22,00±0,001 (Cu). (3) Óleo de champô preto: 5.52±0.003 (Pb), 3.92±0.004 (Cr), 1.50±0.013 (Cd), 5.68±0.010 (Ni), e 33.60±0.001 (Cu). (4) Gelatina de champô preto: 6,76±0,007 (Pb), 7,36±0,004 (Cr), 1,20±0,002 (Cd), 5,76±0,004 (Ni), e 3,50±0,029 (Cu). O resultado mostra que o mineral puro e a hena, que são corantes naturais, têm concentrações mais elevadas de metais pesados do que o óleo de champô preto e a geleia de champô preto, que são corantes sintéticos. Concluiu-se que os corantes minerais puros e a hena representam um maior risco para a saúde humana do que os corantes sintéticos. Recomendaram que as agências reguladoras deveriam monitorizar regularmente estes produtos para obter benefícios a longo prazo para a saúde dos utilizadores.

Em Kano, no noroeste da Nigéria, Sani e Abdullahi, (2017) investigaram a concentração de cinco metais em amostras de sangue e urina de trabalhadores metalúrgicos. Verificaram que a concentração de Mn no sangue varia entre 0,0023mg/L e 0,0276mg/L e entre 0,003mg/L e 0,0277mg/L na urina. A concentração de Pb no sangue varia de 0,0127 mg/L a 0,5284 mg/L e de 0,0063mg/L a 0,4123mg/L na urina. A concentração de Cd no sangue varia entre

0,0001mg/L e 0,0128mg/L e entre 0,0002 mg/L e 0,0084mg/L na urina. A concentração de Cr no sangue varia entre 0,0013mg/L e 0,0275mg/L e entre 0,0013mg/L e 0,0307mg/L na urina. A concentração de Ni no sangue varia de 0,0015mg/L a 0,0549mg/L e de 0,0008mg/L a 0,0450mg/L na urina. Este resultado mostrou que os trabalhadores metalúrgicos da zona urbana de Kano correm um maior risco de contaminação com Mn e Pb. Recomendaram a necessidade de monitorizar as actividades profissionais responsáveis pela poluição.

CAPÍTULO 3

3.0 MATERIAIS E MÉTODO

Todos os produtos químicos utilizados eram de grau de pureza analítico. Todos os utensílios de vidro e recipientes de plástico foram limpos com uma solução detergente seguida de ácido nítrico a 20% e depois enxaguados com água da torneira e água desionizada e depois secos numa estufa a 105° C para eliminar os contaminantes.

3.1 ÁREA DE ESTUDO

O local da pedreira de Gerawa está situado no governo local de Gezawa do estado de Kano, na aldeia de Babawa.

Latitude: 12^0 02' 38.4" N (12.0439900^0) eLongitude 8^0 38' 19.8 E" (8.6388400 $)^0$

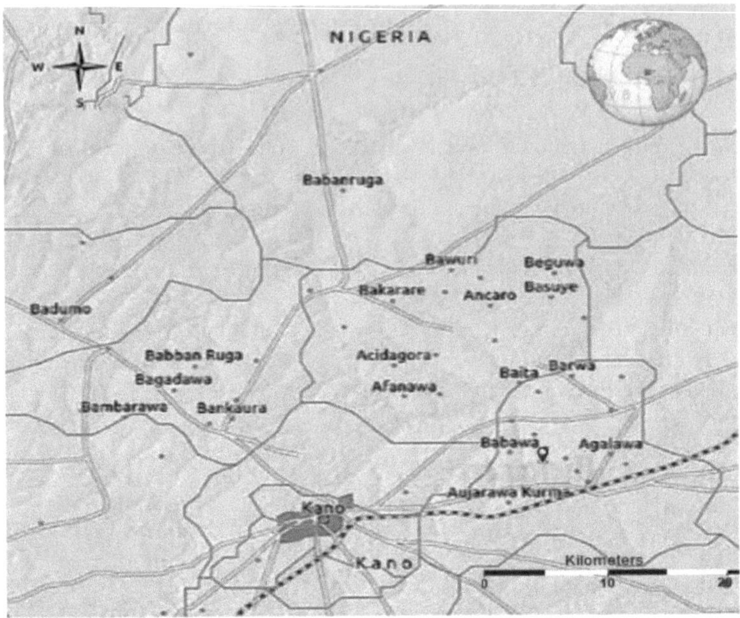

Fig 3.1: Mapa do Governo Local de Gezawa mostrando o local de amostragem (Pedreira de Gerawa, aldeia de Babawa)

3.2 Recolha de amostras

As amostras de sangue, água e solo foram obtidas na pedreira de Gerawa, em Kano.

3.2.1 Colheita de amostras de sangue

Foram colhidos cinco mililitros de sangue venoso de onze trabalhadores da pedreira de Gerawa, em Kano. Foram utilizadas seringas de plástico separadas e descartáveis para a recolha de amostras de sangue. As amostras de sangue obtidas foram transferidas para frascos de amostras EDTA e levadas para o laboratório e mantidas no frigorífico até serem necessárias para análise. Isto foi feito com a ajuda de um técnico de laboratório, a fim de respeitar a ética do procedimento de recolha de amostras de sangue.

3.2.2 Recolha de amostras de solo

As amostras de solo foram recolhidas da camada superior do solo a uma profundidade de 15 cm, utilizando um trado de solo, e as folhas, raízes e pedras foram removidas manualmente para eliminar a sujidade. No local de amostragem, foram seleccionados cinco sub-sítios para amostragem aleatória e foram recolhidas aleatoriamente cinco amostras de solo de cada um dos cinco sub-sítios, que foram agrupadas para obter uma amostra composta. A amostra foi transferida para um saco de polietileno, etiquetada e transportada para o laboratório.

3.2.3 Recolha de amostras de água

Cinco (5) litros de cada uma das duas amostras de água (água do furo e água do tanque)

foram recolhidas das duas fontes de água no local da pedreira de gerawa utilizando recipientes de plástico limpos separados e as amostras foram transportadas para o laboratório até serem necessárias para análise.

3.3 Tratamento das amostras de solo

As amostras de solo foram secas ao ar à temperatura ambiente durante 2 a 3 dias e depois pulverizadas com um almofariz e pilão e peneiradas com uma malha de 2 mm para remover seixos e detritos presentes. A amostra seca ao ar (Ig) foi pesada utilizando uma balança analítica e transferida para um copo de 250 cm^3 e misturada com 24 cm^3 de água régia (HC1: HN03 3:1), bem como o branco (que é a combinação do solvente utilizado para a digestão sem amostras de solo).

3.4 Digestão das amostras

3.4.1 Digestão de amostras de sangue

Os frascos contendo as amostras de sangue foram agitados cuidadosamente. Mediram-se 2cm^3 de cada uma das amostras de sangue utilizando uma proveta graduada de IOcm^3 e transferiram-se para os tubos de digestão, adicionaram-se 6cm^3 de ácido nítrico concentrado (HNO3) e 4cm^3 de ácido clorídrico concentrado (HCl) e agitou-se. A mistura foi aquecida de 30° C a 200° C utilizando o foss Tecator (digestor 2006) durante 1 hora. Deixou-se arrefecer as amostras digeridas e adicionaram-se 20 cm^3 de água desionizada às amostras, agitou-se e filtrou-se as amostras com papel de filtro Whatman n.º 2. Os filtrados foram transferidos para um balão volumétrico de 50 cm^3 e completados até à marca com água desionizada. Os teores de metais foram determinados por espetrometria de absorção atómica

(Yahaya *et al.*, 2013).

3.4.2 Digestão de amostras de solo

1 g de amostra de solo seco foi pesado numa balança e colocado num recipiente de digestão e misturado com 24 cm^3 de água régia (HC1: HNO3 3:1). A solução foi colocada num digestor (2006 Foss tecator) durante 60 minutos a 120^0 C e deixada arrefecer à temperatura ambiente. A solução digerida foi filtrada utilizando um papel de filtro Whatman n.º 1 (IlOmm) e depois diluída para 50 cm^3 utilizando água desionizada. A solução resultante foi armazenada num frasco de amostra para análise AAS (Orosun *et al.*, 2020).

3.4.3 Digestão de amostras de água

Os frascos contendo as amostras de água foram bem agitados. Mediram-se 2cm^3 de cada uma das amostras de água utilizando uma proveta graduada de IOcm^3 e transferiram-se para os tubos de digestão, adicionaram-se 6cm^3 de ácido nítrico concentrado (HN03) e 4cm^3 de ácido clorídrico concentrado (HCl) e agitou-se. A mistura foi aquecida de 30° C a 200° C utilizando o foss Tecator (digestor 2006) durante 1 hora. As amostras digeridas foram deixadas arrefecer e foram adicionados 20 cm^3 de água desionizada às amostras e agitadas, as amostras foram filtradas com papel de filtro Whatman n.º 1, os filtrados foram transferidos para um balão volumétrico e completados até à marca de 50 cm^3 com água desionizada.

Os teores de metais foram determinados por espetrometria de absorção atómica (Nasiru *et al.*, 2021).

3.5 PREPARAÇÃO DE SOLUÇÕES DE RESERVA

3.5.1 1000mg/L Solução-mãe de crómio

Dissolveram-se 7,696 g de Cr (NO3)3.9H2O em IOOcm^3 de água desionizada e completou-se o volume com água desionizada num balão volumétrico de IOOOcm^3 . As soluções-padrão de trabalho foram preparadas diluindo diferentes porções da solução-mãe para obter os padrões com concentrações que variam entre 2-10ppm

3.5.2 1000mg/L Solução-mãe de cobalto

Foram pesados 4,939 g de Co (NO3)2.6H2O e dissolvidos em IOOcrn^3 de água desionizada e completados até à marca com água desionizada num balão volumétrico de 1000 cm^3 . As soluções-padrão de trabalho foram preparadas diluindo diferentes porções da solução-mãe para obter os padrões com concentrações que variam entre 2-10ppm.

3.5.3 1000mg/L Solução-mãe de cobre

Dissolveram-se 2,116 g de sal CuC12 em IOOcrn^3 de água desionizada e completou-se o volume com água desionizada num balão volumétrico de 1000 cm^3

. As soluções-padrão de trabalho foram preparadas diluindo diferentes porções da solução-mãe para obter os padrões com concentrações de 2-10ppm.

3.5.4 1000mg/L Solução-mãe de chumbo

Dissolveram-se 1,598 g de Pb(NO3) 2 em IOOcm^3 de água desionizada e completou-se o volume com água desionizada num balão volumétrico de IOOOcm^3 . As soluções-padrão de trabalho foram preparadas diluindo diferentes porções da solução-mãe para obter os padrões com concentrações que variam entre 2-10ppm.

3.5.5 1000mg/L Solução-mãe de manganês

Dissolveram-se 2,291 g de cloreto de manganês em IOOcrn^3 de água desionizada e completou-se o volume com água desionizada num balão volumétrico de 1000 cm^3 . As soluções-padrão de trabalho foram preparadas diluindo diferentes porções da solução-mãe para obter os padrões com concentrações que variam entre 2-10ppm.

3.5.6 Solução-mãe de níquel 1000mg/L

4,953 g de Ni(NO3)2.6H2O foram dissolvidos em IOOcrn^3 de água desionizada e completados até à marca com água desionizada num balão volumétrico de 1000 cm^3 . As soluções-padrão de trabalho foram preparadas diluindo diferentes porções da solução-mãe para obter os padrões com concentrações que variam entre 2-10ppm.

3.5.7 Preparação da solução em branco

Prepara-se uma solução em branco para a análise, a fim de subtrair o valor de qualquer absorção indesejada durante a análise e obter os valores exactos de absorção dos metais de interesse na amostra. Foram misturados 2 cm^3 de HCl, HNO3 e 21 cm^3 de água desionizada para formar a solução em branco.

3.6 INSTRUMENTAÇÃO

A absorção atómica é utilizada na determinação de metais pesados em amostras de sangue, solo e água. A técnica foi concebida para determinar a quantidade de um elemento numa determinada amostra. Implica a geração de uma população gasosa de átomos livres através do aquecimento de uma amostra numa chama e, em seguida, a passagem de uma banda estreita de luz com um determinado comprimento de onda através dos átomos na chama. Estas condições resultam na absorção de radiação selectiva para um determinado elemento. A absorvância é medida e a lei de Lambert de Beers, que define a relação linear simples entre a absorvância e a concentração, é aplicada para permitir a análise quantitativa da amostra para o elemento específico em investigação.

Foi utilizado um espetrofotómetro de absorção atómica bulk scientific modelo 210 VGP para detetar a absorvância das soluções padrão preparadas de concentrações conhecidas e dos metais alvo nas amostras. As leituras foram registadas em triplicado, tendo sido calculados e registados a média e o desvio-padrão da absorvância dos metais-alvo em cada amostra. As curvas de calibração padrão da absorvância em função das concentrações foram traçadas depois de a absorvância das soluções padrão preparadas ter sido detectada por AAS. Estas curvas foram utilizadas para determinar estatisticamente a concentração dos metais-alvo nas amostras com base na absorvância do metal detectado na amostra, em comparação com a absorvância e as concentrações conhecidas das soluções-padrão (apêndice I-XI).

3.7 PRINCÍPIOS DA ESPECTROSCOPIA DE ABSORÇÃO ATÓMICA (AAS)

A espetroscopia de absorção atómica refere-se às técnicas que medem a absorção de radiação em função da frequência ou do comprimento de onda devido à sua interação com uma amostra. A amostra absorve energia, ou seja, fotões do campo de radiação. A intensidade da absorção varia em função da frequência, e esta variação constitui o espetro de absorção. A espetroscopia de absorção é realizada em todo o espetro eletromagnético (Garcia e Baez, 2012).

A espetroscopia de absorção atómica baseia-se no princípio de que, quando um feixe de radiação electromagnética é atravessado por uma substância, a radiação pode ser absorvida ou transmitida, dependendo do comprimento de onda da radiação, e o espetro de absorção pode ser quantitativamente relacionado com a quantidade de material presente, utilizando a lei de Beer-Lambert. A determinação da concentração absoluta de um composto requer o conhecimento do coeficiente de absorção do composto. O coeficiente de absorção de alguns compostos está disponível em fontes de referência e também pode ser determinado medindo o espetro de um padrão de calibração com concentração conhecida do alvo (Garcia e Baez, 2012). A absorção de radiação provoca um aumento da energia da molécula. A energia adquirida pela molécula é diretamente proporcional ao comprimento de onda da radiação. O aumento da energia da molécula leva a uma excitação eletrónica em que os electrões saltam para níveis de energia mais elevados. Um determinado comprimento de onda que uma dada molécula pode absorver depende das alterações nos estados vibracionais, rotacionais ou electrónicos.

A espetroscopia de absorção é utilizada como uma ferramenta de química analítica para determinar a presença de uma determinada substância numa amostra e, em muitos casos, para quantificar a quantidade da substância presente. A espetroscopia no infravermelho e no ultravioleta-visível é particularmente comum em aplicações analíticas. A espetroscopia de absorção é também utilizada em estudos de física molecular e atómica, espetroscopia astronómica e deteção remota (Garcia e Baez, 2012).

CAPÍTULO 4

4.0 RESULTADOS E DISCUSSÃO

4.1 RESULTADOS

Os resultados das determinações dos metais seleccionados (Cu, Cr, Co, Ni, Mn e Pb) nas amostras de sangue, água e solo são apresentados nas figuras 4.1-4.16 e os resultados de alguns parâmetros físicos da água testada são apresentados nos quadros 4.1 e 4.2

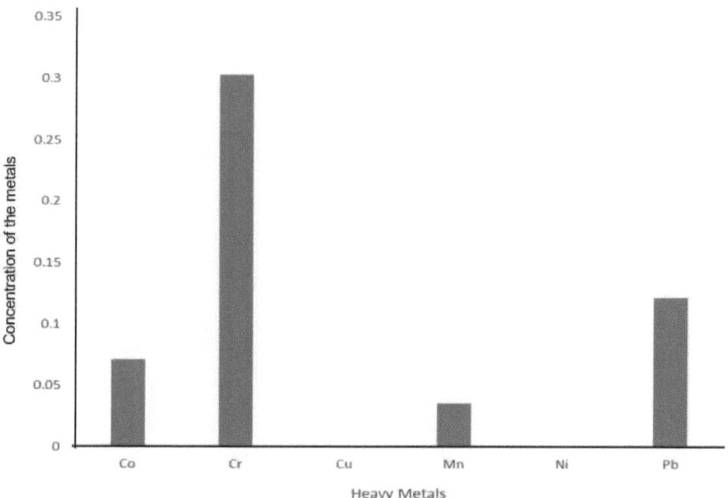

Fig. 4.1: Concentrações de metais pesados na amostra de sangue do primeiro dador (mg/L)

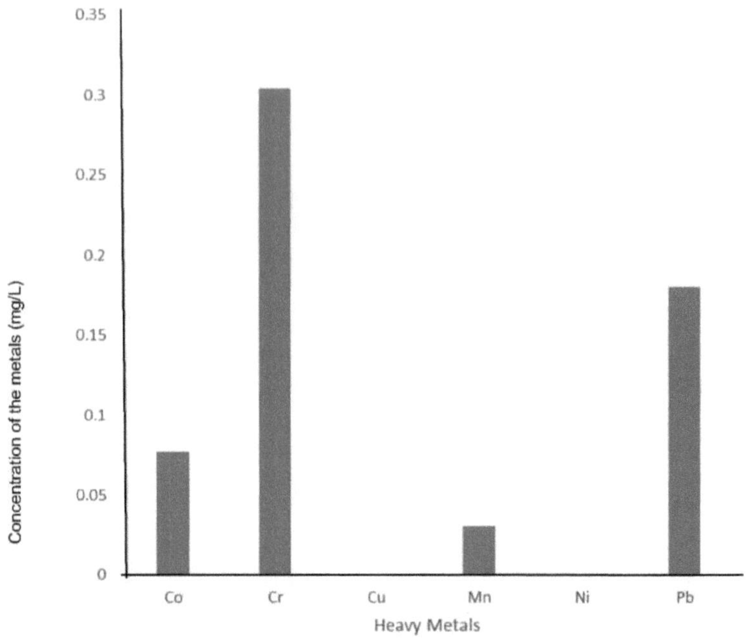

Fig 4.2: Concentrações dos metais pesados na amostra de sangue do segundo dador (mg/L)

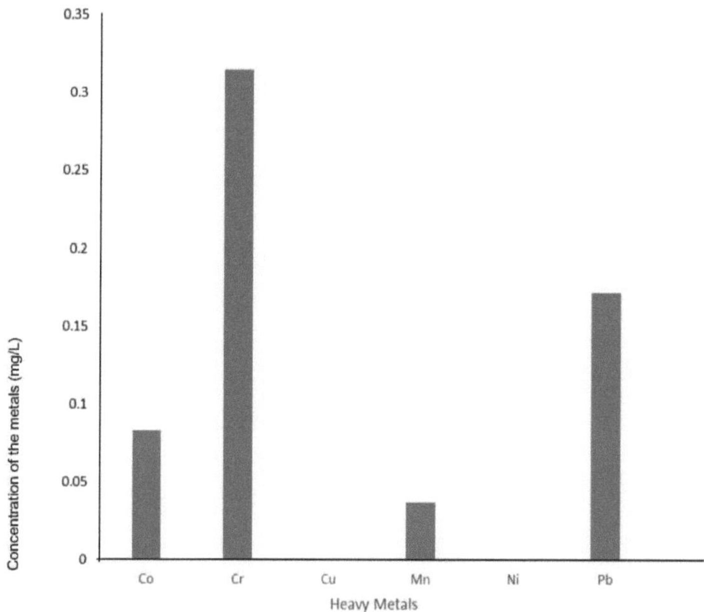

Fig. 4.3: Concentrações de metais pesados na amostra de sangue do terceiro dador (mg/L)

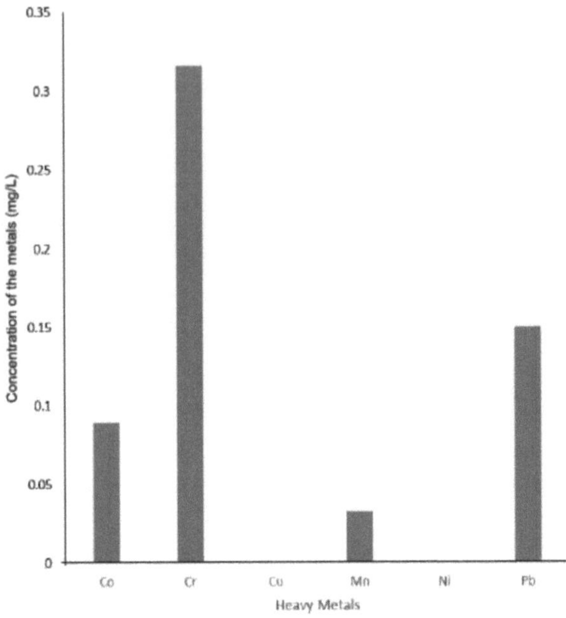

Fig. 4.4: Concentrações de metais pesados na amostra de sangue do quarto dador (mg/L)

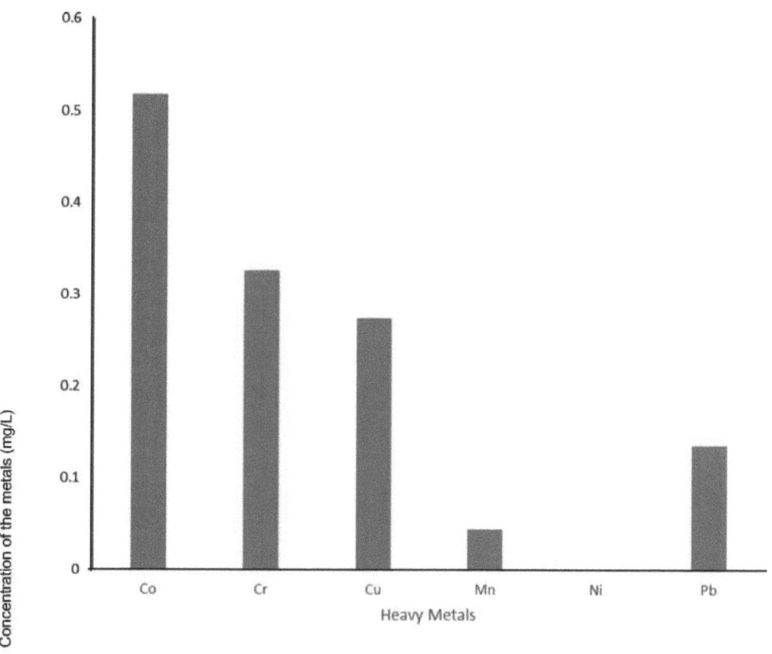

Fig 4.5: Concentrações de metais pesados na amostra de sangue do quinto dador (mg/L)

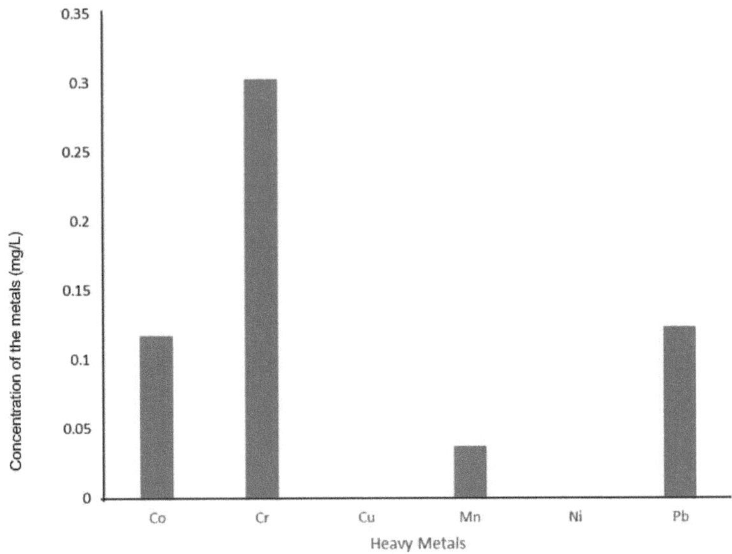

Fig. 4.6: Concentrações de metais pesados na amostra de sangue do sexto dador (mg/L)

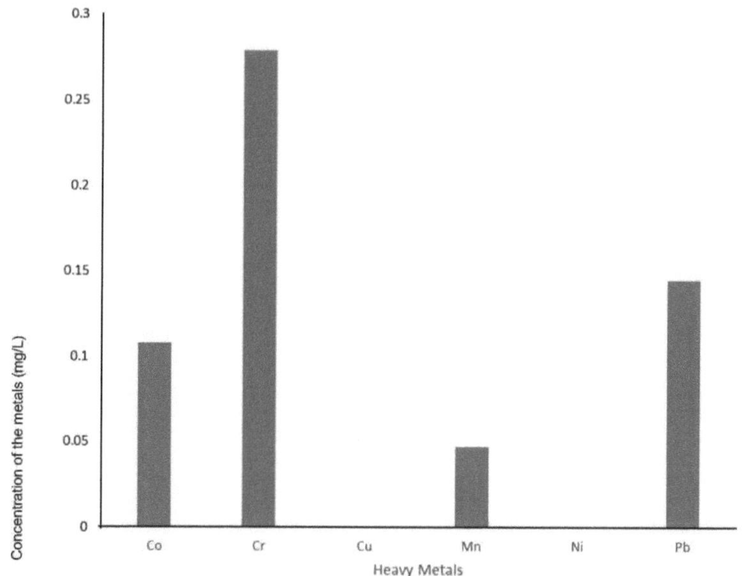

Fig 4.7: Concentrações de metais pesados na amostra de sangue do sétimo dador (mg/L)

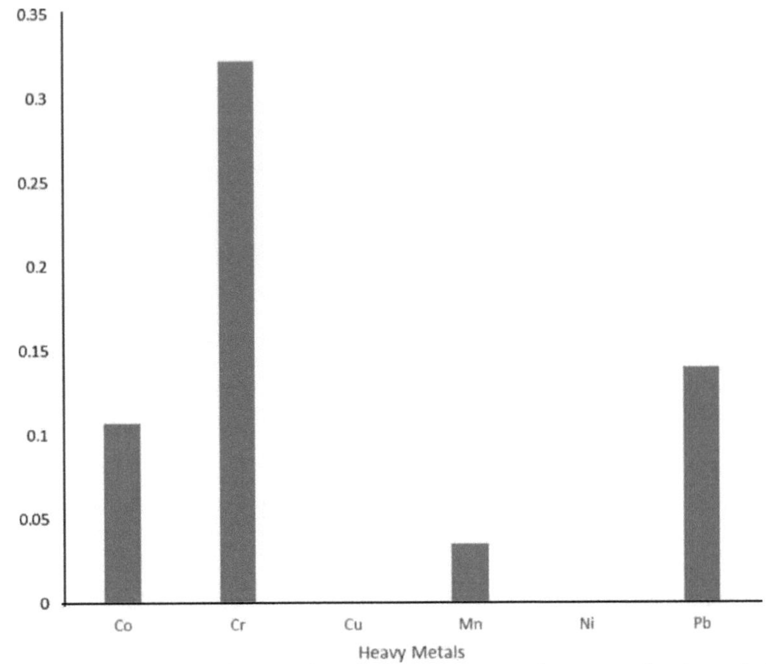

Fig 4.8: Concentrações dos metais pesados na amostra de sangue do oitavo dador (mg/L)

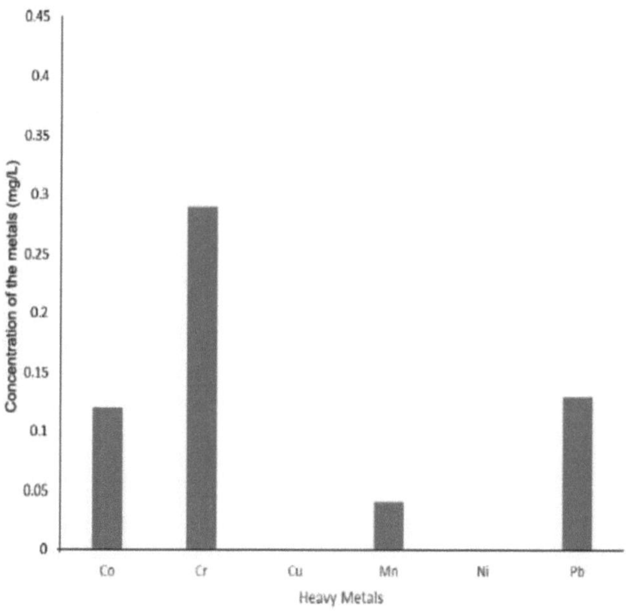

Fig 4.9: Concentrações dos metais pesados na amostra de sangue do nono dador (mg/L)

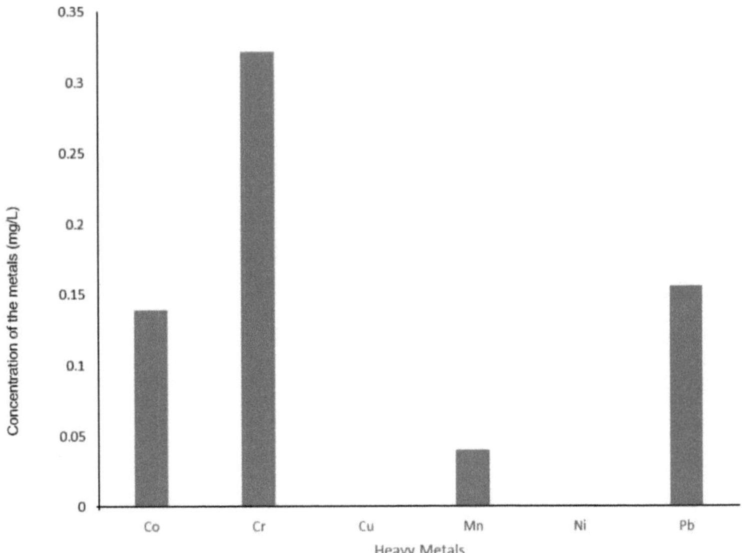

Fig 4.10: Concentrações dos metais pesados na amostra de sangue do décimo dador (mg/L)

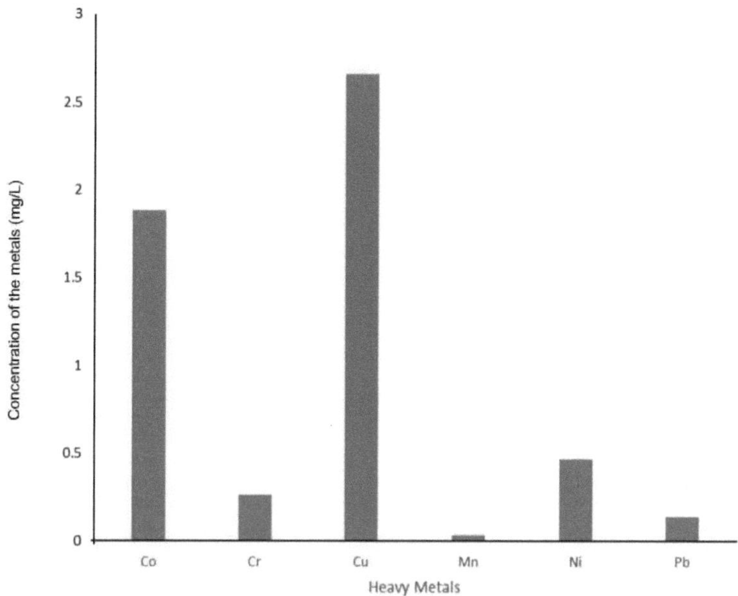

Fig 4.11: Concentrações dos metais pesados na amostra de sangue do décimo primeiro dador (mg/L)

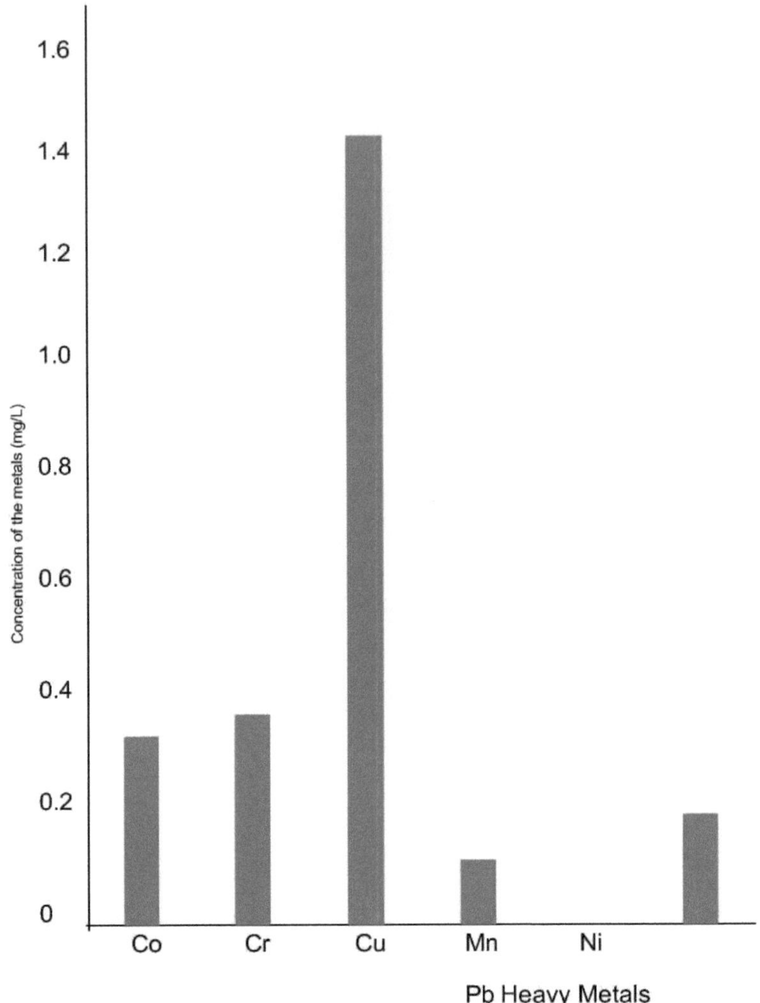

Fig 4.12: Concentrações médias dos metais pesados nas amostras de sangue dos dadores (mg/L)

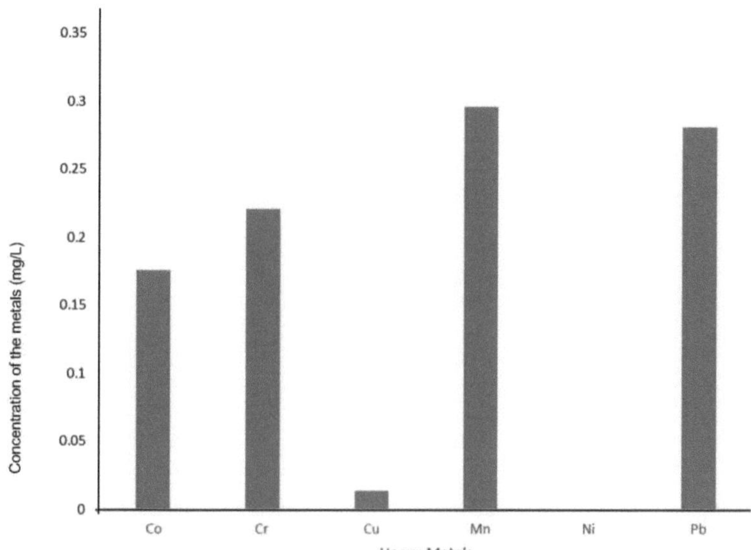

Fig 4.13: Concentrações de metais pesados na amostra de água do furo da pedreira (mg/L)

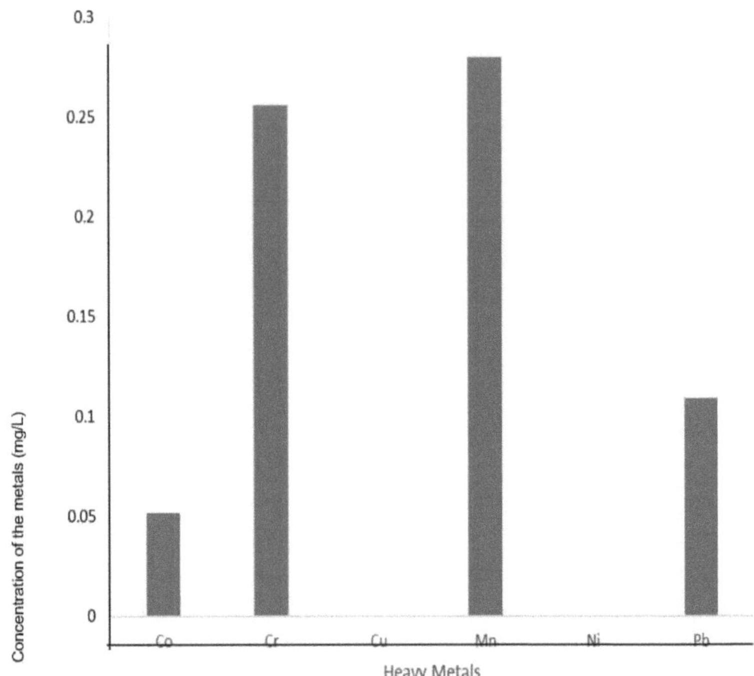

Fig 4.14: Concentrações de metais pesados na amostra de água da lagoa da pedreira (mg/L)

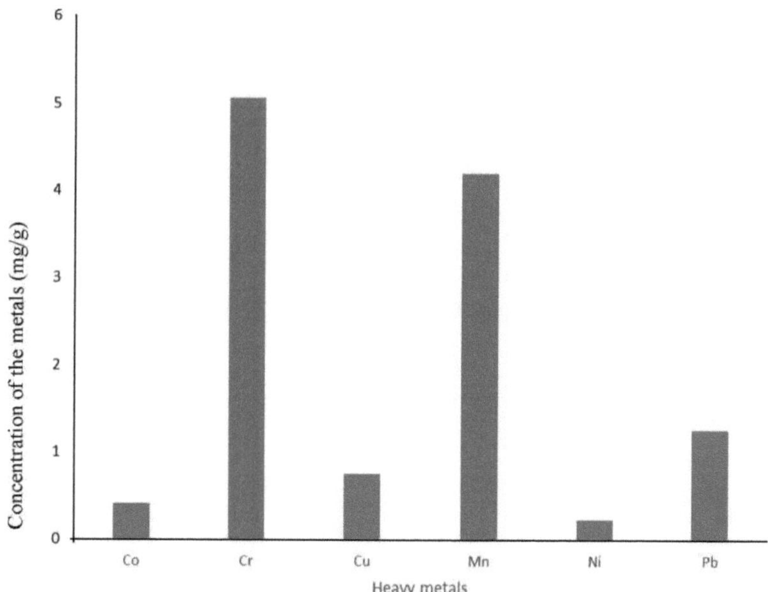

Fig. 4.15: Concentrações de metais pesados na amostra de solo da pedreira (mg/g)

Tabela 4.1 Alguns Parâmetros Físicos das amostras de Água de Furo da Pedreira

Conductivity (mS/cm)	0.24 x 1000
Turbidity (NTU)	0.00
pH	6.7

Tabela 4.2 Alguns parâmetros físicos da amostra de água da lagoa da pedreira

Conductivity (mS/cm)	0.3 x 1000
Turbidity (NTU)	8.90
pH	7.2

4.2 Discussão

4.2.1 Concentrações de metais pesados na amostra de sangue do primeiro dador

As concentrações dos metais pesados na amostra de sangue do primeiro dador (mg/L) na figura 4.1 mostram que o crómio (Cr) e o chumbo (Pb) têm a concentração mais elevada, com 0,303 e 0,122 mg/L, respetivamente, enquanto o cobalto (Co) e o manganês (Mn), com concentrações de 0,075 e 0,036 mg/L, respetivamente, têm concentrações mais baixas do que o Cr e o Pb.075 e 0,036 mg/L, respetivamente, têm concentrações mais baixas do que o Cr e o Pb. O cobre e o níquel, por outro lado, não foram detectados, uma vez que o primeiro dador pode estar menos exposto a estes elementos, o que faz com que as concentrações sejam demasiado pequenas para serem detectadas por AAS. Sani e Abdullahi, (2017) obtiveram resultados semelhantes quando investigaram a concentração de metais na amostra de sangue de trabalhadores metalúrgicos em Kano; a concentração de Mn varia entre 0,0023 mg/L e 0,0276 mg/L. A concentração de Pb varia entre 0,0127 mg/1 e 0,5284 mg/L. A concentração de Cr varia de 0,0013 mg/1 a 0,0275 mg/1. A concentração de Ni varia de 0,0015 mg/1 a 0,0549 mg/1. Moradi *et al,* (2016), ao estudarem a concentração sanguínea de metais pesados em doentes que sofriam de esclerose múltipla (EM) e que viviam em duas regiões industriais de Isfahan, no Irão, verificaram que os níveis sanguíneos de Co, Ni, Cr,

Mn, Cu e Pb eram de 0,00056, 0,0016, 0,00048, 0,00138, 0,78 e 0,0029 mg/L, respetivamente. Esta diferença pode dever-se à variação do depósito ambiental, às actividades industriais e ao contacto direto com a fonte dos metais pesados.

4.2.2 Concentrações de metais pesados na amostra de sangue do segundo dador

As concentrações dos metais pesados na amostra de sangue do segundo dador (mg/L), como se mostra na figura 4.2, são semelhantes às encontradas no primeiro dador, na medida em que o crómio (Cr) e o chumbo (Pb) têm a concentração mais elevada, com 0,304 e 0,180 mg/L, respetivamente, enquanto o cobalto (Co) e o manganês (Mn), com concentrações de 0,077 e 0,031 mg/L, respetivamente, têm concentrações mais baixas do que o Cr e o Pb. O cobre e o níquel não foram detectados porque o local da pedreira pode ter concentrações limitadas destes elementos, tornando as concentrações indetectáveis por AAS. Sani e Abdullahi, (2017) obtiveram resultados semelhantes quando investigaram a concentração de metais na amostra de sangue de trabalhadores metalúrgicos em Kano; a concentração de Mn varia entre 0,0023 mg/L e 0,0276 mg/L. A concentração de Pb varia entre 0,0127 mg/l e 0,5284 mg/L. A concentração de Cr varia entre 0,0013 mg/l e 0,0275 mg/l. A concentração de Ni varia entre 0,0015 mg/l e 0,0549 mg/l. Estas semelhanças podem dever-se ao facto de os indivíduos serem provenientes de uma localização geográfica semelhante à deste dador, embora a exposição profissional não seja a mesma.

4.2.3 Concentrações de metais pesados na amostra de sangue do terceiro dador

dador As concentrações de metais pesados na amostra de sangue do terceiro dador (mg/L) na figura 4.3 mostram que o crómio (Cr) e o chumbo (Pb) têm a concentração mais elevada, com 0,315 e 0,172 mg/L, respetivamente, enquanto o cobalto (Co) e o manganês (Mn), com concentrações de 0,083 e 0,037 mg/L, respetivamente, têm uma concentração mais baixa do que o Cr e o Pb. O cobre (Cu) e o níquel (Ni) também não foram detectados como nas amostras de sangue dos dadores anteriores. Isto também mostra as possibilidades de concentrações limitadas destes elementos no local da pedreira, tornando a exposição limitada e as concentrações demasiado pequenas na amostra de sangue do dador para serem detectadas por AAS. Jantzen *et al.,* (2013) relataram concentrações mais baixas de Cr que variam entre 1,3 e 2,2 µg/L (0,0013 a 0,0022mg/L) no sangue e entre 1,6 e 5,1 µg/L(0,0016 a 0,0051mg/L) no soro. A diferença pode ser devida a menores depósitos do elemento na área.

4.2.4 Concentrações de metais pesados na amostra de sangue do quarto dador

As concentrações de metais pesados na amostra de sangue do quarto dador (mg/L), como mostra a figura 4.4, revelam que o crómio (Cr) e o chumbo (Pb) são 0,316 e 0,150 mg/L, respetivamente, enquanto o cobalto (Co) e o manganês (Mn) têm concentrações de 0,089 e 0,033 mg/L, respetivamente. O cobre (Cu) e o níquel (Ni) não foram detectados na amostra de sangue deste dador. Como nos doadores anteriores, da mesma forma Cr e Pb têm concentrações mais altas do que Co e Mn.

Madiha (2018), estudou metais pesados em amostras de sangue de alguns seres humanos e descobriu que o Cu e o Pb têm concentrações mais elevadas, como se segue: 0,01-1,1 e 0,56-8,78mg/L, respetivamente. Isto também pode ser devido ao elevado depósito dos elementos na terra, tornando a exposição muito elevada.

4.2.5 Concentrações de metais pesados nas amostras de sangue do quinto dador

Para este dador, a concentração de cobalto; 0,518mg/L é mais elevada do que a dos outros metais; Cr, Cu, Mn e Pb, que foram 0,326, 0,274, 0,044 e 0,135mg/L, respetivamente. Este é o primeiro dador em que o cobre é detectado na sua amostra de sangue, o que pode ser possivelmente devido ao papel que desempenha no local da pedreira. Por outro lado, o Ni não foi detectado, possivelmente devido à baixa exposição à baixa concentração do elemento no local da pedreira. Cusick, *et al.*, (2018), ao estudar os níveis sanguíneos de metais pesados em crianças saudáveis que vivem no assentamento Katanga de Kampala, encontrou maior cobalto entre as crianças que viviam perto de um aterro de lixo (p = 0,01). Este resultado é muito mais elevado do que o encontrado por Jantzen *et al.*, (2013), onde as concentrações médias de Co foram encontradas para variar entre 0,9 e 3,4 µg/L (0,0009 a 0,0034mg). Este facto pode dever-se a menores depósitos do elemento na zona e a diferenças na via de exposição aos metais.

4.2.6 Concentrações de metais pesados nas amostras de sangue do sexto dador

As concentrações dos metais pesados na amostra de sangue do sexto dador (mg/L) na figura 4.6 acima, mostram que; crómio (Cr)> chumbo (Pb)> cobalto (Co)" manganês (Mn) com concentrações 0,303, 0,123, 0,117, e 0,037mg/L respetivamente, enquanto o cobre (Cu) e o níquel (Ni) não foram detectados. Akan, (2014), num estudo realizado em Maiduguri em que foram analisadas amostras de sangue, água e urina utilizando plasma indutivo (ICP), encontrou os seguintes resultados 0,02 a 0,26 mg/1 para Pb, 0,03 a 0,63 mg/1 para Ni e 0,02 a 0,18 mg/1 Cd. Isto pode dever-se a diferentes localizações, actividades e vias de exposição aos metais.

4.2.7 Concentrações de metais pesados nas amostras de sangue do sétimo dador

As concentrações dos metais pesados na amostra de sangue do sétimo dador (mg/L), na figura 4.7, mostram que o crómio (Cr) e o chumbo (Pb) têm a concentração mais elevada, com 0,279 e 0,145 mg/L, respetivamente, enquanto o cobalto (Co) e o manganês (Mn), com concentrações de 0,108 e 0,047 mg/L, respetivamente, têm uma concentração mais baixa do que o Cr e o Pb. O cobre (Cu) e o níquel (Ni), por outro lado, não foram detectados, uma vez que o local da pedreira pode ter concentrações limitadas destes elementos. O dador pode também estar menos exposto a estes elementos, o que faz com que as concentrações sejam demasiado pequenas na amostra de sangue do dador para serem detectadas por AAS. Bello *et al.*, (2016) relataram que as concentrações de chumbo em crianças com menos de 7 anos de idade e adultos (acima de 18 anos) da comunidade Adudu que vivem perto de uma mina de chumbo-zina em Nasawara, Nigéria, são: 2,1 e 1,3µg/dL, 3,1 e 1,8µg/dL, respetivamente. Também foi relatado que 14% dos adultos têm níveis de Pb no sangue acima de 5µg/dL (0,05 mg/L), conforme recomendado pelos Centros de Controlo e Prevenção de Doenças (CDC). O estudo também relatou que 68% do sangue de adultos excedeu o nível de ação de Pb no sangue de 2µg/dL. No grupo das crianças, 11,4% e 31% das amostras de sangue excederam 5µg/dL e 2µg/dL. A alta concentração de Pb na amostra de sangue desse doador pode ser resultado de muita exposição ao elemento.

4.2.8 Concentrações de metais pesados nas amostras de sangue do oitavo dador

As concentrações dos metais pesados na amostra de sangue do oitavo dador (mg/L), na figura 4.8, mostram que o crómio (Cr) e o chumbo (Pb) têm a concentração mais elevada, com 0,322 e 0,140 mg/L, respetivamente, enquanto o cobalto (Co) e o manganês (Mn), com concentrações de 0,107 e 0,035 mg/L, respetivamente, têm uma concentração mais baixa do que o Cr e o Pb. O cobre (Cu) e o níquel (Ni), por outro lado, não foram detectados porque o local da pedreira pode ter concentrações limitadas destes elementos, fazendo com que as concentrações sejam demasiado pequenas na amostra de sangue do dador para serem detectadas por AAS. Sani e Abdullahi, (2017) encontraram resultados semelhantes quando investigaram a concentração de metais na amostra de sangue de trabalhadores metalúrgicos em Kano; a concentração de Mn varia entre 0,0023 mg/L e 0,0276 mg/L. A concentração de Pb varia entre 0,0127 mg/l e 0,5284 mg/L. A concentração de Cr varia entre 0,0013 mg/l e 0,0275 mg/l. A concentração de Ni varia entre 0,0015 mg/l e 0,0549 mg/l. Estes valores podem dever-se possivelmente à mesma localização geográfica dos dadores e à via de exposição semelhante aos metais.

4.2.9 Concentrações de metais pesados nas amostras de sangue do nono dador

O nono dador tem uma concentração sanguínea de metais pesados (mg/L) semelhante à dos outros dadores, como se mostra na figura 4.9. O crómio (Cr) e o chumbo (Pb) têm as concentrações mais elevadas, 0,290 e 0,130 mg/L, respetivamente, enquanto o cobalto (Co) e o manganês (Mn) têm concentrações de 0,120 e 0,042 mg/L, respetivamente. O cobre (Cu) e o níquel (Ni), por outro lado, não foram detectados neste dador, o que também está de acordo com a baixa concentração dos metais nas amostras de solo e de água recolhidas no local da pedreira. As baixas concentrações destes elementos no local tornam a exposição mínima e podem estar abaixo do nível detetável por AAS. Um resultado semelhante foi observado num estudo realizado em Maiduguri por Akan, (2014) em que as amostras de sangue, água e urina foram analisadas utilizando plasma indutivo (ICP) com os seguintes resultados: 0,02 a 0,26 mg/l para Pb, 0,03 a 0,63 mg/l para Ni e 0,02 a 0,18 mg/l Cd.

4.2.10 Concentrações de metais pesados na amostra de sangue do décimo dador

O décimo dador tem concentrações de metais pesados para Cr, Pb, Co e Mn de 0,322, 0,156, 0,139 e 0,040mg/L, respetivamente, como mostra a Fig. 4.10. O cobre (Cu) e o níquel (Ni) não foram detectados. Akan *et al.,* (2014) relataram concentrações mais elevadas de 0,01 a 0,33mg/L, para o chumbo e concentrações detectadas de 0,01 a 0,63 para o níquel entre os seres humanos em Maiduguri, Nigéria. Estas concentrações mais elevadas podem ser o resultado de diferenças na localização geográfica e nas concentrações dos metais pesados no solo. Sani e Abdullahi, (2017) obtiveram resultados semelhantes quando investigaram a concentração de metais na amostra de sangue de trabalhadores metalúrgicos em Kano; a concentração de Mn varia entre 0,0023 mg/L e 0,0276 mg/L. A concentração de Pb varia entre 0,0127 mg/l e 0,5284 mg/L. A concentração de Cr varia de 0,0013 mg/l a 0,0275 mg/l. A concentração de Ni varia de 0,0015 mg/l a 0,0549 mg/l. Moradi *et al,* (2016), ao estudarem a concentração sanguínea de metais pesados em doentes que sofriam de esclerose múltipla (EM) e que viviam em duas regiões industriais de Isfahan, no Irão, verificaram que os níveis sanguíneos de Co, Ni, Cr, Mn, Cu e Pb eram de 0,00056, 0,0016, 0,00048, 0,00138, 0,78 e 0,0029 mg/L, respetivamente. Esta diferença pode dever-se à variação do depósito ambiental, às actividades industriais e ao contacto direto com a fonte dos metais pesados.

4.2.11 Concentrações de metais pesados nas amostras de sangue do décimo primeiro dador

Na amostra de sangue do décimo primeiro dador, como mostra a figura 4.11, a concentração de cobalto; 1,885mg/L é mais elevada do que a dos outros metais determinados: crómio (Cr); 0,264mg/L, chumbo (Pb); 0,144mg/L, manganês (Mn); 0,039mg/L, cobre (Cu); 2,66mg/L e níquel (Ni); 0,471. As concentrações de cobalto e cobre neste dador são mais elevadas do que em todos os outros. Este é também o único dador em cuja amostra de sangue foi detectado Ni. Sani e Abdullahi, (2017) detetaram que o níquel variava entre 0,0015 mg/1 e 0,0549 mg/1 na amostra de sangue de 25 trabalhadores metalúrgicos em Kano. O nível de Ni encontrado no sangue desse doador é semelhante ao encontrado por Ibeto e Okoye (2010), que relataram uma concentração de 0,007 mg/l a 0,850 mg/l de níquel no sangue de moradores urbanos não expostos no estado de Enugu. Hyuan *et al.,* (2017) relataram 979,8µg/l (0,9798mg/l) de concentração de cobre entre a população coreana não exposta, este valor é semelhante aos achados deste estudo. Muhammad e Karman, (2002) registaram uma concentração de 1,4mg/l no sangue de indivíduos saudáveis não expostos em Islamabad, Paquistão. É necessário explorar outras fontes de exposição, incluindo o papel do dador no local da pedreira.

4.2.12 Concentrações médias dos metais pesados nas amostras de sangue dos dadores

As concentrações médias dos metais pesados nas amostras de sangue dos dadores (mg/L) na figura 4.12 mostram que: o crómio (Cr) tem 0,304 mg/L, o chumbo (Pb) tem 0,145 mg/L, o cobalto (Co) tem 0,301 mg/L, o manganês (Mn) tem 0,073mg/L e o cobre (Cu) tem 1,467mg/L. O níquel (Ni) só foi detectado numa amostra com uma concentração de 0,471 mg/L. Neste estudo, o Cr tem as concentrações médias que são mais elevadas do que as concentrações de

faixa de referência saudável de 0,7 a 28,0 µg/L (0,0007 a 0,028mg/L) utilizada por muitos estudos(Chen *et al.,* 2022). Neste estudo, sua concentração varia de 0,264 a 0,326mg/L em todas as amostras de sangue analisadas (Fig 4.1-4.11). A amostra 5 (Fig. 4.5) apresentou a concentração mais elevada de 0,326 mg/L. Isto pode dever-se à exposição direta dos trabalhadores das pedreiras à terra e aos elementos nela contidos. Os resultados da ANOVA para o crómio analisado não foram significativamente diferentes porque o valor de p é superior a 0,05 (valor de p: 7,13). Lawan *et al.,* (2015) relataram valor médio de 24,78µg/l (0,02478mg/L) quando estudaram amostras de sangue em eletricistas na metrópole de Kaduna, o valor não está de acordo com o relatado neste estudo. Bolarin (2013), também encontrou 0,9 µg/l e 0,43µg/l (0,0009, e 0,00043mg/l) para população exposta e não exposta na Alemanha, respetivamente. Estes valores não estão de acordo com os resultados do presente estudo. Jantzen *et al.,* (2013) relataram concentrações mais baixas de Cr que variam entre 1,3 e 2,2 µg/L (0,0013 a 0,0022mg/L) no sangue e entre 1,6 e 5,1 µg/L(0,0016 a 0,0051mg/L) no soro. No entanto, este estudo foi realizado em indivíduos com implante metálico após substituição da anca.

Para o chumbo (Pb), a concentração média de chumbo encontrada neste estudo é inferior ao nível sanguíneo recomendado pela OMS (1980) de 400µg/L (0,4mg/L) para homens e mulheres acima da idade reprodutiva e concentração de 300µg/L (0,3mg/L) para mulheres em idade reprodutiva (OMS, 1980). Os resultados também indicaram a concentração para as amostras de sangue para variar entre 0,122mg / L a 0,180mg / L, como mostrado na Fig 4.1-4.11, amostra 2: (Fig 4.2) tem a maior concentração de 0,180mg / L, Os resultados da ANOVA para chumbo nas amostras foram estatisticamente insignificantes diferentes 0,60778 porque o valor de p é maior que (0,05). Lawan *et al.,* (2015), relatou 29,33µg/dL (0,2933mg/L) para Pb entre os técnicos de reparação de eletrónica no estado de Kaduna, este valor está de acordo com alguns dos resultados deste estudo. Lukman (2015), também relatou 45,43µg/dl (0,4543mg/L) para trabalhadores expostos e 12,08 µg/dl (0,1208mg/L) para trabalhadores não expostos em Gwagwalada, os valores foram semelhantes aos resultados desta pesquisa.

Sani e Abdullahi (2017), relataram um intervalo de 0,0127 a 0,5284mg/l de concentração de chumbo no sangue de trabalhadores metalúrgicos no estado de

Kano, alguns dos valores também estavam de acordo com os resultados deste estudo. Leelapongwattana e Bordeerat, (2020) também encontraram uma concentração média de chumbo (Pb) no sangue, à qual os trabalhadores estão expostos numa indústria de fabrico tailandesa no grupo de exposição ocupacional, de (20,55±0,156mg/L), o valor está de acordo com o relatado neste estudo. Bolarin (2013) relatou um intervalo de 0,2-1,08mg/l no sangue de trabalhadores expostos de bateria eletrónica na Alemanha, alguns destes valores também estavam de acordo com os resultados deste estudo. Hyuan *et al.,* (2017) relataram 15,97 µg/l de chumbo entre a população coreana saudável, este valor está em desacordo com os achados deste estudo.

A concentração média encontrada neste estudo para o cobalto é de 0,301mg/L que está acima do valor de referência de 0,45 µg/L (0,00045mg/L) (Nisse *et al.,* 2017). Neste trabalho, os resultados para as concentrações de cobalto variam de 0,071mg/L a 1,885mg/L como mostrado na (Fig 4.1-4.11) acima. A amostra ll (Fig. 4.11) registou a concentração mais elevada de 1,885 mg/l, enquanto a amostra l (Fig. 4.1) registou a concentração mais baixa de 0,071. Os resultados da ANOVA para o cobalto da amostra total não foram significativamente diferentes porque o valor p do resultado é superior a 0,05 (valor p: 1,204). Numa avaliação dos níveis sanguíneos de metais pesados em crianças saudáveis que vivem no assentamento Katanga de Kampala, Uganda, por Cusick, *et al.,* (2018). Verificaram que o cobalto era mais elevado entre as crianças que viviam perto de um aterro de lixo ($p = 0,01$). A prevalência de níveis sanguíneos elevados foi elevada para seis dos metais detectados: antimónio (99%), cobre (12%), cádmio (17%), cobalto (19,2%), chumbo (97%) e manganês (36,4%). Estes resultados são muito superiores aos encontrados por Jantzen *et al.,* (2013), onde se verificou que as concentrações médias de Co variavam entre 0,9 e 3,4 µg/L (0,0009 a 0,0034mg/L) no sangue e entre 0,3 e 5,1 µg/L (0,0003 a 0,0051mg/L) no soro.

A concentração média de manganês também é maior do que a concentração segura recomendada pela OMS (1980) de não mais do que 0,3µg/cm^3 (0,0003mg/L) (OMS, 1980). Neste trabalho, o resultado para a concentração de manganês varia de 0,031 a 0,047mg/L como mostrado na Fig.4.1-4.11 acima. Os resultados da ANOVA para o manganês da amostra total não foram significativamente diferentes porque o valor p do resultado é superior a 0,05 (valor p: 4,00). Num estudo realizado por Li *et al.* (2019) para determinar o efeito da exposição a metais pesados em mulheres grávidas e a sua associação com o peso à nascença e o comprimento dos recém-nascidos em Pequim, foram medidos os níveis de 10 metais pesados, incluindo chumbo (Pb), titânio (Ti), manganês (Mn), níquel (Ni), cádmio (Cd), crómio (Cr), antimónio (Sb), vanádio (V) e arsénio (As). Pb, As, Ti, Mn e Sb apresentaram taxas de deteção elevadas (>50%) tanto no sangue materno como no sangue do cordão umbilical. Bolarin (2013) relatou 12µg/L(0,012mg/L) e 7,5µg/L(0,0075mg/L) de Mn em amostras de sangue de indivíduos expostos e não expostos na Alemanha, respetivamente, os valores estavam abaixo dos achados deste estudo. Hyuan *et al.*, (2017) obtiveram 11,0μg/l (0,011mg/l) de manganês na amostra de sangue da população coreana geral saudável, valor foi inferior aos achados deste estudo. Pelo contrário, Sani e Abdullahi (2017) relataram um intervalo de 0,0023mg/L - 0,0276mg/L de concentração de manganês no sangue de trabalhadores metalúrgicos no estado de Kano, alguns desses valores estão de acordo com os resultados obtidos neste estudo.

A concentração média de cobre também é superior ao nível sanguíneo recomendado de cobre sérico livre de 1,6-2,4 μmol/L ou 10-15μg/dL (0,2883 a 0,4324mg/L) por Longo *et al.*, (2012) num livro de princípios de medicina interna de Harrison. A sua concentração neste trabalho varia de ND a 2,662mg/L (Fig. 4.1- 4.11). A décima primeira amostra (Fig. 4.11) apresenta a maior concentração. Os resultados da ANOVA para o cobre de todas as amostras foram significativamente diferentes porque o resultado é 0,00022, que é menor que 0,05. Hyuan *et al.*, (2017) relataram 979,8μg/l (0,9798mg/l) de concentração de cobre entre a população coreana não exposta, este valor é semelhante aos achados deste estudo, os valores foram semelhantes aos resultados desta pesquisa. Muhammad e Karman, (2002) relataram maior concentração de 1,4mg/l no sangue de indivíduos saudáveis não expostos em Islamabad, Paquistão, este valor também é semelhante aos resultados obtidos neste estudo.

No caso do níquel, a concentração só foi detectada numa amostra: a décima primeira amostra com 0,471mg/L, como mostra a Fig. 4.11. Este elemento também não foi detectado nas amostras de água (Fig. 4.13 e 4.14). O resultado da ANOVA para o níquel é (p-value = 4,411), o que não é estatisticamente significativo.

Esse achado é excessivamente alto em comparação com o valor da literatura relatado por Bolarin, (2013) 0,11µg/l a 1,1 µg/l de concentração de níquel em amostras de sangue de pessoas não expostas e expostas, respetivamente. No entanto, Sani e Abdullahi (2017) relataram intervalo de 1,5 µg/l a 54,9 µg/l de concentração de níquel nas amostras de sangue trabalhadores no Estado de Kano, esses valores também estão em desacordo com os achados deste estudo. Ibeto e Okoye (2010) relataram um intervalo de 0,007mg/l a 0,850mg/l de concentração de níquel no sangue de moradores urbanos não expostos no estado de Enugu, alguns desses valores são semelhantes aos resultados obtidos neste estudo.

4.2.13Concentrações dos metais pesados na amostra de água do furo do local da pedreira

O resultado das concentrações de metais pesados na amostra de água do furo do local da pedreira, como mostra a figura 4.13, mostra que o crómio (Cr), o chumbo (Pb), o cobalto (Co), o manganês (Mn) e o cobre (Cu) têm concentrações (0,221, 0,295, 0,176, 0,039 e 0,014mg/L), respetivamente. O chumbo tem a concentração mais elevada, e o níquel não pôde ser detectado porque a concentração pode ser demasiado pequena na área. A concentração de Mn está abaixo do limite do padrão da OMS (1996) de Mn (0,4mg/l) para água potável. No entanto, as concentrações de Pb estão acima do limite da OMS (1996)

(0,01mg/l) (Kuwajima, 2007). As concentrações de Cr e Co também estavam acima do limite permitido pela OMS (2018) (0,05 e 0,01 mg/l), respetivamente, e pela US EPA (2019) (0,05 mg/l) para o Cr. A concentração de Cu está, no entanto, abaixo do limite detetável pela OMS (2018) (1,5 mg/l) e pela US EPA (2019) (1,3mg/l) (Ekramul *et al.*, 2016). O resultado deste estudo é semelhante ao encontrado por Elinge *et al.*, (2011) em algumas águas de furos no estado de Kebbi, Nigéria, onde a concentração de Cu varia (0,302 - 0,606mg/l) e Pb varia (0,047 - 0,245mg/l). No entanto, encontraram concentrações ligeiramente mais baixas para o Cr (0,052 - 0,121mg/l), concentrações mais baixas para o Co (0,03 - 0,07mg/l) e Ni detectado (0,035 - 0,087mg/l). Do mesmo modo, Adumanya, (2013), verificou que as concentrações de manganês (Mn) (mg/l) e chumbo em águas de furos no estado de Imo, Nigéria, variavam entre 0,003mg/l e 0,023mg/l e entre 0,024 e 0,072mg/l, respetivamente. O resultado das concentrações de manganês é semelhante ao que foi encontrado neste estudo, mas a concentração de chumbo na água do furo da pedreira é mais elevada. A diferença de localização geográfica e de actividades no local da pedreira pode explicar esta diferença.

4.2.14 Concentrações de metais pesados na amostra de água da lagoa do local da pedreira

O resultado das concentrações dos metais pesados na amostra de água da lagoa do local da pedreira, como mostra a figura 4.15, mostra que o crómio (Cr), o chumbo (Pb), o cobalto (Co) e o manganês (Mn) têm concentrações (0,256, 0,063, 0,052 e 0,028mg/L, respetivamente). O Cr tem a concentração mais elevada, o cobre (Cu) e o níquel (Ni) não foram detectados. Akinola *et al.* (2015), no seu estudo sobre metais pesados nas águas subterrâneas em Misau LGA do estado de Bauchi, descobriram que as concentrações de chumbo variavam (0,028 a 0,078 mg/L), Mn (0,452 a 1,021 mg/L), Cu (0,241 a 0,979 mg/L) e Ni (0,005 a 0,052 mg/L). A ligeira diferença nas concentrações de alguns dos metais determinados pode dever-se às diferentes localizações geográficas das áreas de estudo. O estudo recomendou uma necessidade urgente de remediação e monitorização regular das águas subterrâneas em Misau.

4.2.15 Concentrações de metais pesados nas amostras de solo do local da pedreira

O resultado das concentrações dos metais pesados na amostra de solo do local da pedreira na figura 4.15 mostra que o crómio (Cr), o chumbo (Pb), o cobalto (Co), o manganês (Mn), o cobre (Cu) e o níquel (Ni) têm concentrações (5,064, 1,260, 0,414, 4,194, 0,754 e 0,226mg/g, respetivamente). O crómio e o manganês têm as concentrações

O crómio tem a concentração mais elevada, enquanto o níquel tem a concentração mais baixa. A concentração mais elevada de crómio na amostra de solo pode explicar a razão pela qual os dadores têm uma concentração elevada de crómio no sangue. Estas concentrações são também superiores aos limites admissíveis recomendados pela agência nacional de aplicação de normas e regulamentos ambientais (NESREA, 2009): Cr(0,1mg/L), Co(0,05mg/L), Cu(0,1mg/L), Mn(0,164), Ni(0,05mg/L), Pb(0,05mg/L). Os resultados deste estudo para o chumbo, o crómio e o cobre são todos superiores aos encontrados por Peter *et al.*, (2016) na amostra de solo das imediações de uma fábrica de automóveis em Ibadan, no sudoeste da Nigéria, a saber: Pb (0,005- 0,182mg/g), Cr (ND-0,0087mg/g) e Cu (0,0005 - 0,0105mg/g). A diferença nas composições dos elementos terrestres das diferentes regiões e a diferença nas actividades das indústrias podem ser a razão para a variação nas concentrações destes metais. Da mesma forma, Isah *et al.* (2023) obtiveram os seguintes resultados: Pb 0,00307mg/g, Mn 0,00124mg/g e Cu 0,00241mg/g na amostra de solo de uma oficina mecânica no estado de Azare Bauchi, Nigéria.

CAPÍTULO 5

5.0 CONCLUSÕES E RECOMENDAÇÕES

5.1 Conclusão

Os resultados obtidos a partir da análise de amostras de água, solo e sangue dos trabalhadores da pedreira, utilizando a espetrometria de absorção atómica, mostraram que as concentrações médias no sangue de Cr(0,304mg/l), Co(0,301mg/1), Mn(0,073) e Cu(1,467mg/1) estavam acima do limite permitido estabelecido pela Organização Mundial de Saúde (OMS) e pela Agência de Proteção Ambiental dos Estados Unidos (US EPA), enquanto a concentração média de Pb(0,145mg/l) está abaixo do limite. As concentrações de Pb(0,295mg/l), Cr(0,221mg/l) e Co(0,176mg/1) na amostra de água do furo estão acima do limite permitido estabelecido pela OMS, enquanto a concentração de Mn(0,039mg/l) está abaixo do limite. Na amostra de solo, as concentrações de Cr(5,064mg/g), Co(0,414mg/g), Pb(1,260mg/g), Cu(0,754mg/g) e Mn(4,194mg/g) estão todas acima do limite admissível estabelecido pela OMS e pela NESREA. Apenas o Ni (0,226) tem uma concentração no solo dentro do limite da OMS no local da pedreira. Conclui-se que a maioria dos trabalhadores estava menos exposta ao Cu e ao Ni, uma vez que as concentrações não foram detectadas na maioria das amostras. As concentrações da maioria dos metais pesados nas amostras de água, solo e sangue dos trabalhadores da pedreira estavam acima do limite admissível.

5.2 Recomendações

Tendo em conta as conclusões acima referidas, destacam-se as seguintes recomendações:

1. O governo deve entrar em contacto com o sindicato dos trabalhadores das pedreiras e com as instituições de saúde com vista a iniciar controlos/análises regulares do sangue dos trabalhadores para garantir que os níveis de metais estão sempre dentro dos limites permitidos.

2. O governo e outros organismos ambientais do país devem prescrever regras de segurança para os trabalhadores das pedreiras durante o trabalho nos locais de extração.

3. É necessário aprofundar a investigação sobre a avaliação da exposição a outros metais tóxicos através das actividades de exploração de pedreiras.

REFERÊNCIAS

Abdullahi, Y.A. e Mohammed, M. A. (2020). Especiação, Biodisponibilidade e Risco para a Saúde Humana de Metais Pesados no Solo e Espinafres (Amaranthus spp) na Metrópole de Kano, Noroeste da Nigéria. *ChemSearchJoumal,* 77(2), 35-43. http://www.ajol.info/index.php/cs

Adumanya, O. U. C. (2013). AVALIAÇÃO DE METAIS PESADOS NA ÁGUA DO BOREHOLE IN UMUAGW0- OHAJI International Journal of Research and Reviews in Pharmacy and Applied science (Jornal Internacional de Investigação e Comentários em Farmácia e Ciências Aplicadas). *International Journal OfResearch and Reviews in Pharmacy andAppliedScience, 3(3),* 315-320.

Ahluwalia, S. S., e Goyal, D. (2007). Biomassa microbiana e derivada de plantas para a remoção de metais pesados de águas residuais. *Bioresource Technology,* PS(12), 2243-2257. https://doi.Org/10.1016/j.biortech.2005.12.006

Akan, J. (2014). Determinação de Metais Pesados em Amostras de Sangue, Urina e Água por Espectrofotómetro de Emissão Atómica de Plasma Indutivamente Acoplado e Fluoreto Utilizando Elétrodo Seletivo de Iões. *Journal of Analytical & Bioanalytical Techniques,* 5(6). https://doi.org/10.4172/2155- 9872.1000217

Akinola, L. K. (2015). Avaliação da contaminação por metais pesados das águas subterrâneas na cidade de Misau Avaliação da contaminação por metais pesados das águas subterrâneas na cidade de Misau no nordeste da Nigéria. *Al-Hikmah Journal ofPure & Applied Sciences,* 2(1), 44-49.

Al-Otaibi, F. S., Ajarem, J. S., Abdel-Maksoud, M. A., Maodaa, S., Allam, A. A., Al-Basher, G. I., e Mahmoud, A. M. (2018). A extração de pedras induz disfunção orgânica e estresse oxidativo em Meriones Iibycus. *Toxicologia e Saúde Industrial, 34(\ Q),* 679-692. https://doi.org/10.1177/0748233718781290

Al-Ramadi, M., Al-Otaibi, F.A., Homoda, AM., e Gamal, AM. (2016). Avaliação de alguns metais tóxicos em amostras de sangue de fumadores na Arábia Saudita por espetrometria de massa com plasma indutivo acoplado. *Tropical Journal of Pharmaceutical Research',* 15 (12): 2669-2673 ISSN: 1596-5996. http://www.tjpr.org http://dx.doi.org/10.4314/tjpr.vl5il2.19

Assi, M. A., Hezmee, M. N. M., Haron, A. W., Sabri, M. Y. M., e Rajion, M.

A. (2016). Os efeitos nocivos do chumbo na saúde humana e animal. *Mundo Veterinário,* 9(6), 660-671. https://doi.org/10.14202/vetworld.2016.660-671

Babalola, B. M., Aiyesanmi, A. F., Okoronkwo, A. E., & Adehanloye, M. A. (2019). Adsorção de cromo (VI) por vagens de Delonixregia (chama da floresta): Estudos Cinéticos e Termodinâmicos. *Revista FUW Tendências em Ciência e Tecnologia,* √ (2), 602-607.

Barceloux, D. G. (1999). Donald G. Barceloux. *Toxicologia Clínica, 37(2),* 239258.

Batool, M. (2018). Determinação da Toxicidade de Metais Pesados no Sangue e Efeito na Saúde por AAS (Deteção de Metais Pesados e sua Toxicidade no Sangue Humano). *Arquivos de Uanomedicina: Revista OpeAccess, 1* (2), 22
28. https://doi.org/10.32474/anoai.2018.01.0001Q7

Bello, O., Naidu, R., Rahman, M. M., Liu, Y., e Dong, Z. (2016). Concentração de chumbo no sangue da população em geral que vive perto de uma mina de chumbo-zinco, na Nigéria: Exposure pathways. *Science of the Total Environment, 542,* 908-914. https://doi.Org/10.1016/j.scitotenv.2015.10.143

Bolarin D.M.(2013): Bolarin ajuda a patologia química. 2nd edition, Nigéria, Lantern book publication, Ppll54-1208

Campos, É., Freire, C., Barbosa, F., Lemos, C., Saraceni, V., Koifman, R. J., Pinheiro, R.D.N., e da Silva, I.F. (2021). Biomonitoramento da exposição a metais em uma população residente em uma área industrial no Brasil: Um estudo de viabilidade. *International Journal OfEnvironmental Research and Public Health,* 78(23).https://doi.org/10.3390/ijerphl82312455

Cempel M., e Nikel G. (2006). Nickel: A Review of Its Sources and Environmental Toxicology. *PolishJournal OfEnvironmental Studies, 15(3),* 375-382.

Chen, J., Kan, M., Ratnasekera, P., Deol, L. K., Thakkar, V., & Davison, K. M. (2022). Blood Chromium Levels and Their Association with Cardiovascular Diseases, Diabetes, and Depression (Níveis de crómio no sangue e sua associação com doenças cardiovasculares, diabetes e depressão): Pesquisa Nacional de Exame de Saúde e Nutrição (NHANES) 2015-2016. *Nutrients, 14(13).* https://doi.org/10.3390/nul4132687

Cusick, S. E., Jaramillo, E. G., Moody, E. C., Ssemata, A. S., Bitwayi, D., Lund, T. C., e Mupere, E. (2018). Avaliação dos níveis sanguíneos de metais pesados, incluindo chumbo e manganês, em crianças saudáveis que vivem no assentamento Katanga de Kampala, Uganda. *BMC Public Health, 18(1),* 1-8. https://doi.org/10.1186/sl2889-018-5589-0

Dávid, L. (2008). Exploração de pedreiras: Uma abordagem geomorfológica antropogénica. *Ata MontanisticaSlovaca, 13(1),* 66-74.

Donal J.W., Ceylan B., Mehmet E.A., e Sedat A. (2015). Níveis elevados de metais urinários em trabalhadores de minas turcos.67(l). *The Turkish Journal of OccupationalZEnvironmentalMedicine and Safety. 1SSN:2149-4711*

Ekramul Mahmud H.N.M, Rosiyah Y., e Obidul-Huq A.K, (2016). Remoção de iões de metais pesados de águas residuais/solução aquosa por adsorvente à base de polipirrol: Uma revisão. *https://www. researchgate.net/publication/291422308. doi: 10.1039/C5RA24358K*

Elinge, C. M., Itodo, A. U., Peni, I. J., Birnin-Yauri, U. A., & Mbongo, A. N. (2011).Avaliação das concentrações de metais pesados em águas de furos na comunidade de Aliero do Estado de Kebbi. *Avanços na Investigação em Ciências Aplicadas,* 2(4), 279-282.
http://www.imedpub.com/articles/assessment-of-heavy-metals-concentrações-na-água-de-buracos-em-aliero-comunidade-do-estado-de-kebbi-.pdf

Flemming, C. A., e Trevors, J. T. (1989). Toxicidade e química do cobre no ambiente: uma revisão. *Water, Air, and Soil Pollution, 44(1-2),* 143-158. https://doi.org/10.1007/BF0Q228784

Gaetke, L. M., e Chow, C. K. (2003). Toxicidade do cobre, stress oxidativo e nutrientes antioxidantes. *Toxicology, 189(1-2),* 147-163. https://doi.org/10.1016/S0300- 483X(03)00159-8

Garca, R., e Baez P. A. (2012). Espectrometria de Absorção Atómica (AAS). I nTech.doi:10.5 772/25925

He, Z., Shentu, Yang, X., Baligar, V. C., Zhang, T., e Stoffella, A. (2015). Poluição do solo no mundo (EEC. *Journal OfEnvironmental Indicators,* 9(Table 2), 17-18.

Hyuan-jun K, Hwan-sub L, Kyoung-Raun L, Mi-Hyuan C, Nammi K, Chang Hoon L, Eunjung O e Hyun-Kyung P (2017): Determinação dos níveis de vestígios na população Gneral da Coreia. *Revistas internacionais de pesquisa ambiental e saúde pública:* 14(7): 702

Isah, K. A., Muhammad, N. Y., Mohammed, S., e Sade, M. S. (2023). Avaliação de metais pesados seleccionados em amostras de solo de uma oficina mecânica na cidade de Azare, Governo Local de Katagum, Estado de Bauchi, Nigéria. *Gadau Journal of Pure and Allied Sciences,* 2(1), 16-21. https://doi.org/10.54117/gjpas.v2il.36

Ibeto C.N e Okoye C.O.B (2010): Alto nível de metais pesados no sangue da população urbana da Coreia. *Revista Internacional de Ciências Ambientais* 4(4): 371-382.

Jantzen, C., Jorgensen, H. L., Duus, B. R., Sporring, S. L., e Lauritzen, J. B. (2013). *Concentrações de iões crómio e cobalto no sangue e no soro após vários tipos de artroplastias da anca de metal sobre metal Uma visão geral da literatura. 84(3),* 229-236. https://doi.org/10.3109/17453674.2013.792034

Jarup, L. (2003). Perigos da contaminação por metais pesados. *British Medical Bulletin, 68,* 167-182. https://doi.org/10.1093/bmb/ldg032

Jensen, A. A., e Tuchsen, F. (1990). Cobalt exposure and cancer risk (Exposição ao cobalto e risco de cancro). *Critical Reviews in Toxicology, 20(6),* 427-439.
https://doi.org/10.3109/10408449009029330

Karrari, P., Mehrpour, O., e Abdollahi, M. (2012). Uma revisão sistemática sobre o estado da poluição e toxicidade do chumbo no Irão; Orientação para medidas preventivas. *DARU, Journal of Pharmaceutical Sciences, 20(1),* 1-17.
https://doi.org/10.1186/1560-8115-20-2

Kirti S., Sreemoyee C., e Bhumika J. (2015). Toxicidade do crómio e os seus perigos para a saúde.

International Journal of AdvancedResearch, 3(julho 2015), 167.

Kuwajima, A. (2007). Garantia de qualidade da ultrassonografia. *JapaneseJournal of MHTS, 24(A),* 419-423. https://doi.org/10.7143/jhepl985.24.419

Lawan, M.A, Uzairu A., Sallau M.S, Tajuddeen N e Musa A (2015): Exposição ocupacional a metais pesados (Pb, Cd, Cr) de técnicos de reparação eletrónica na metrópole de Kaduna, Publicado em 38th Chemical Society of Nigeria Annaual International Conference, Abuja. Pp 34-35.

Leelapongwattana, S., e Bordeerat, N. K. (2020). Indução de genotoxicidade e potencial mutagénico de metais pesados em trabalhadores ocupacionais tailandeses. *Pesquisa de Mutação - Toxicologia Genética e Mutagénese Ambiental, 856*- 357(agosto 2019), 503231. https://doi.org/10.1016Zi.mrgentox.2020.503231

Li, A., Zhuang, T., Shi, J., Liang, Y., e Song, M. (2019). Metais pesados no sangue materno e do cordão umbilical em Pequim e sua eficiência na transferência placentária. *Jornal de Ciências Ambientais (China), 80,* 99-106. https://doi.Org/10.1016/j.jes.2018.ll.004

Lopez-Rodriguez G., Galván M., Gonzdlez-Unzaga M., Hernández Ávila J., e Pérez-Labra, M. (2017). Metais tóxicos no sangue e níveis de hemoglobina em crianças mexicanas. *Monitorização e Avaliação Ambiental, 189(4).* https://doi.org/10.1007/slQ661-017-5886-6

Longo D.L., Fauci A.S., Kasper D.L., Hauser S.L., Jameson J.L., e Loscalzo J. (2012). Princípios de Medicina Interna de Harrison. 18ª ed. *New York: McGraw-Hill; 2012. 3188-90.*

Lukman, A.(2015): Níveis sanguíneos de cádmio e chumbo em pessoas ocupacionalmente expostas em Gwagwalada, Abuja, Nigéria. J. *Interdisciplinary toxicity* 8(3): 146-150

Mcllveen, W. D., e Negusanti, J. J. (1994). the Science of the Total Environment tn~ the E~nm*nt .nd in Relatmship with ~n Nickel in the terrestrial environment. *The Science of the Total Environment, 148(93),* 109-138.

Miah, M.R.; Ijomone, O.M.; Okoh, C.O.A.; Ijomone, O.K.; Akingbade, G.T.; Ke, T.; Krum, B.; Martins, A.D.; Akinyemi, A., e Aranoff, N (2020). Os efeitos da sobre-exposição de Mn na saúde do cérebro. *Neurochem. International,* 135, 104688. [CrossRef] [PubMed]

Mohan, D., Singh, K. P., e Singh, V. K. (2006). Remoção de crómio trivalente de águas residuais utilizando carvão ativado de baixo custo derivado de resíduos agrícolas e tecido de carvão ativado. *Journal of Hazardous Materials,* 735(1-3), 280-295. https://doi.Org/10.1016/j.jhazmat.2005.ll.075

Moradi, A., Honarjoo, N., Etemadifar, M., e Fallahzade, J. (2016). Bioacumulação de alguns metais pesados no soro sanguíneo de residentes em Isfahan e Shiraz, Irão. *Monitorização e Avaliação Ambiental, 188(5).*

https://doi.org/10.1007/sl0661 -016-5217-3

Morais, S., e Costa, F. G., e Lourdes Pereir, M. de. (2012). Metais pesados e saúde humana. *Saúde Ambiental - Questões e Práticas Emergentes, fevereiro,* https://doi.org/10.5772/29869

Muhammad H.K e Kamran Q. (2002): Determination of trace amount of iron, Copper, Nickel, Cadmium and Lead in Human blood by Atomic Absorption Spectrometry, *Pakistan Journal of Biological Sciences 5(10):* 1104-1107

Nasiru, S., Aliyu, A., Garba, M.H., Danbazau, SM., Nuruddeen, A., Abba, B., e Murtala, Y. (2021): Determinação de alguns metais pesados em águas subterrâneas e águas de mesa em tudun Murtala, área do governo local de Nassarawa, Kano- Nigéria. *Dutse Journal of Pure and Applied Sciences* (DUJOPAS), vol 7 No. 4b. https://dx.doi.org/10.4314/dujopas. Vi4b.l3

Nisse, C., Tagne-Fotso, R., Howsam, M., Richeval, C., Labat, L., e Leroyer, A. (2017). Níveis sanguíneos e urinários de metais e metalóides na população adulta geral do norte da França: O estudo IMEPOGE, 2008-2010. *Jornal Internacional de Higiene e Saúde Ambiental, 220(2),* 341-363.https://doi.org/10.1016/j.ijheh.2016.09.020

Nnorom, I. C., e Osibanjo, O. (2009). Caracterização de metais pesados em resíduos de baterias portáteis recarregáveis utilizadas em telemóveis. *International Journal of Environmental Science and Technology, 6(4),* 641-650. https://doi.org/10.1007/BF03326105

Odoma, A. N., Usman, A. A., e Ozulu, G. U. (2013). Impacto das actividades das oficinas de automóveis nos metais pesados em algumas águas subterrâneas do centro-norte da Nigéria. *International Journal of Water Research,* 2(1), 1-4. http://www.urpjournals.com

Ogundele, D., AA, A., e OE, O. (2015). Concentrações de metais pesados em plantas e no solo ao longo de estradas de tráfego intenso no centro-norte da Nigéria. *Jornal de Toxicologia Ambiental e Analítica,* 65(06), 6-10. https://doi.org/10.4172/2161-0525.100Q334

Orosun, M.M., Salawu, N.B., Isinkaye M.O., Orosun, O.R., e Oniku, A.S. (2020). Monte Carlo approach to risk assessment of heavy metals at automobile part and recycling market in Ilorin, Nigeria. *National Centerfor BiotechnologyInformation'.* doi: 10.1038/s41598-020-79141-0.

Pane, E. F., Smith, C., Mcgeer, J. C., e Wood, C. M. (2003). Mechanisms of acute and chronic waterborne nickel toxicity in the freshwater cladoceran, Daphnia magna. *Environmental Science and Technology,* 57(19), 4382-4389.https://doi.org/10.1021/es0343171

Peter, O. O., Olushola, A. A., Rasaki, A. S., Olusanmi, E. O., e Tolulope, B. A. (2016). Avaliação de alguns metais pesados nos solos circundantes de uma fábrica de baterias para automóveis em Ibadan, Nigéria. *Jornal Africano de Ciência e Tecnologia Ambiental,* 20(1), 1-8. https://doi.org/10.5897/ajest2015.1986

Rzymski, P., Niedzielski, P., Klimaszyk, P., e Poniedzialek, B. (2014). Bioacumulação de metais seleccionados em bivalves (Unionidae) e Phragmites australis que habitam um reservatório de água municipal. *Environmental Monitoring and Assessment, 186(5),* 3199-3212. https://doi.org/10.1007/sl0661-013- 3610-8

Sanders, A. P., Mazzella, M. J., Malin, A. J., Hair, G., Busgang, S. A., Saland, J. M., e Curtin,

P. (2019). Exposição combinada ao chumbo, cádmio, mercúrio e arsénico e saúde renal em adolescentes de 12-19 anos no NHANES 2009-2014. *Environment International,* /^/(janeiro), 1-11. https://doi.Org/10.1016/j.envint.2019.104993

Sani, A., e Abdullahi, I. L. (2017). Avaliação da concentração de alguns metais pesados nos fluidos corporais de trabalhadores metalúrgicos na metrópole de Kano, Nigéria. *ToxicologyReports, 4,* 72-76. https://doi.Org/10.1016/j.toxrep.2017.01.001

Sihaib, Z.; Puleo, F.; Garcia-Vargas, J.M.; Retailleau, *L.;* Descorme, *C.;* Liotta, L.F.; Valverde, J.L.; Gil, S.; Giroir-Fendler, A. Mn oxide-based catalysts for toluene oxidation. Appl. Catal. B-Environ. 2017, 209, 689-700. [CrossRef]

Sule, K., Umbsaar, J., e Prenner, E. J. (2020). Mechanisms of Co, Ni, and Mn toxicity: Da exposição e homeostase às suas interacções e impacto nos lípidos e biomembranas. *Biochimica et Biophysica Ata - Biomembranes, 1862(8),* 183250. https://doi.Org/10.1016/i.bbamem.2020.183250

Tchounwou, P. B., Yedjou, C. G., Patlolla, A. K., e Sutton, D. J. (2012). Toxicologia molecular, clínica e ambiental Volume 3:

Toxicologia ambiental. Em *Molecular, Clinical and Environmental Toxicology* (Vol. 101). https://doi.org/10.1007/978-3-7643- 8340-4

Therdkiattikul, N.; Ratpukdi, T.; Kidkhunthod, P.; Chanlek, N., e Siripattanakul-Ratpukdi, S. Tratamento de águas subterrâneas contaminadas com Mn por novos isolados bacterianos: Estudo cinético e análise de mecanismo usando técnicas baseadas em síncrotron. Sci. Rep. 2020, 10, 12.

Tumlund, J. R. (2018). Coppermetabolism de corpo inteiro humano 1,2. *TheAmerican Journal of Clinical Nutrition,* 67(fevereiro), 960-964.

Valko, M., Morris, H., e Cronin, M. (2005). Metais, Toxicidade e Stress Oxidativo. *Current Medicinal Chemistry,* 72(10), 1161-1208. https://doi.org/10.2174/0929867053764635

Verma, R. (2017). Poluição da água por metais pesados-Um estudo de caso. *RecentResearch in Science and Technology,* 5(janeiro de 2013), 98-99.

Wani, A. L., Ara, A., e Usmani, J. A. (2015). Toxicidade do chumbo: A review. *Interdisciplinary Toxicology, 8(2),* 55-64. https://doi.org/10.1515/intox-2015-0009

Weaver, V., Navas-Acien, A., Tellez-Plaza, M., Guallar, E., Muntner, P., Silbergeld, E., e Jaar, B. (2009). Blood cadmium and lead and chronic kidney disease in US sdults: A joint analysis. *American Journal of Epidemiology, 170(9),* 1156-1164. https://doi.org/10.1093/aje/kwp248

Wei, J., Zhang, J., e Ji, J. S. (2019). Associação da exposição ambiental a metais pesados e eczema na população dos EUA: Análise do cádmio, chumbo e mercúrio no sangue. *Arquivos de Saúde Ambiental e Ocupacional, 74(5),* 239-251. https://doi.org/10.1080/19338244.2018.1467874

OMS. (1980). WHO_TRS_647.pdf. Em *Organização Mundial de SaúdeSérie de Relatórios Técnicos_647.pdf*

www.dovemed.com / Toxicidade do crómio. 2018

www.atsdr.cdc.gov, 2018/ Toxicidade do manganês.

www.healthline.com/ envenenamento por chumbo. 2018.

www.herbalremedies.com, 2018/Toxicidade do níquel.

www.drlwilson.com/copper toxicidade. 2018.
www.medlineplus.com/ envenenamento por cobalto. 2018

Yahaya, M.I., Agbendeh Z.M., Arzika, L., e Dabai, F.G (2013): Eficiência de Extração de metais vestigiais de amostras de sangue usando digestão molhada e técnicas de digestão de micro-ondas. *Jornal de Ciências Aplicadas Gestão Ambiental.* Vol. 17 (3) 365-369.

Yashim, Z. I., Dallatu, Y. A., Bolarin-Akinwade, O. O. e, e Obebe, E. O. (2020). *AVALIAÇÃO DO NÍVEL DE METAIS PESADOS EM CORANTES DE CABELO E SEUS. 8(2),* 241-251.

APÊNDICES

Apêndice i: Curva de calibração para o cobalto

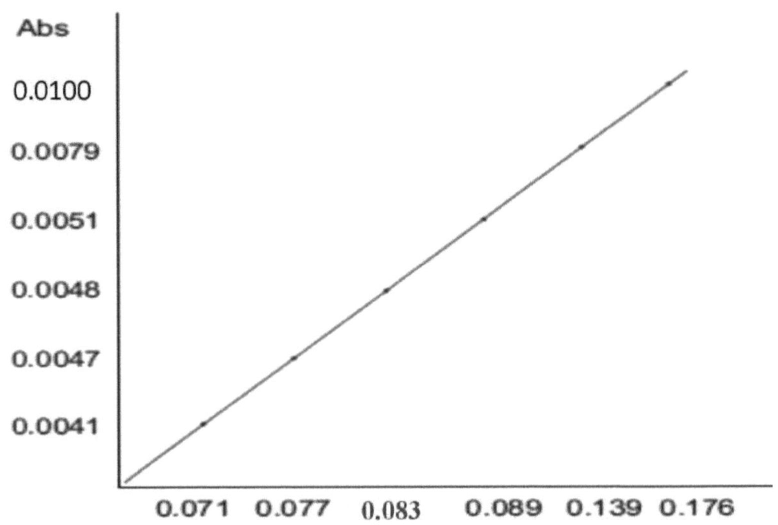

Concentration (mg/L)

Apêndice ii: Curva de calibração para o crómio

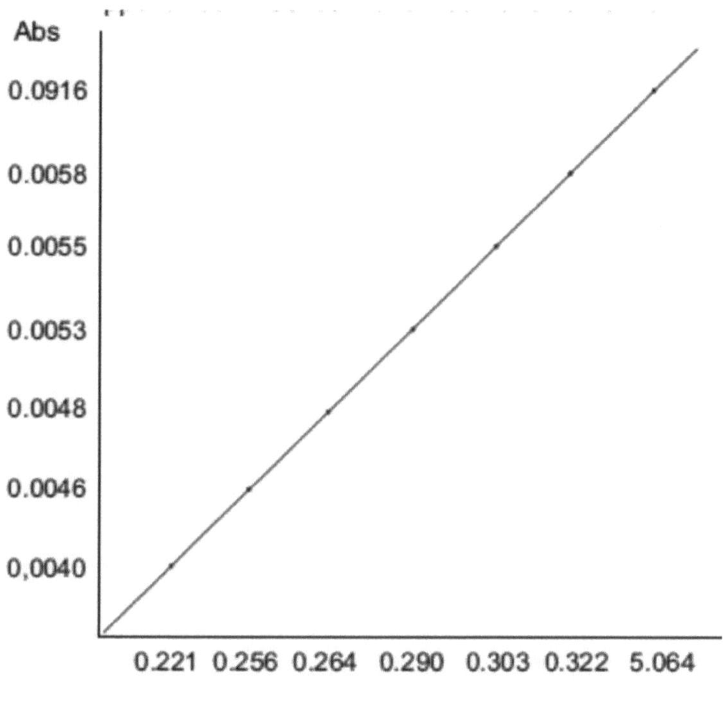

Concentration (mg/L)

Apêndice iii: Curva de calibração para o cobre

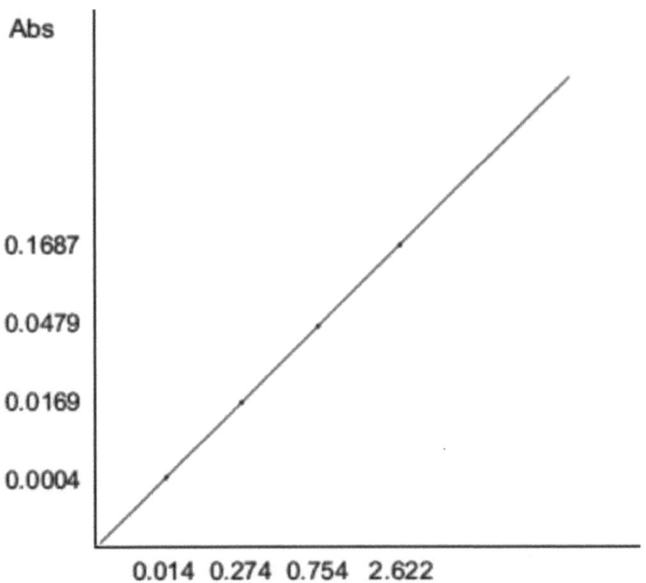

Concertation (mg/L)

Apêndice iv: Curva de calibração para o manganês

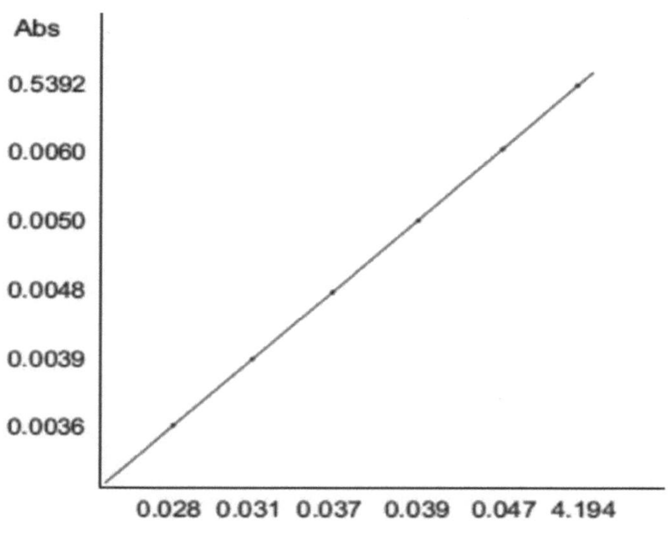

Concentration (mg/L)

Apêndice v: Curva de calibração para o chumbo

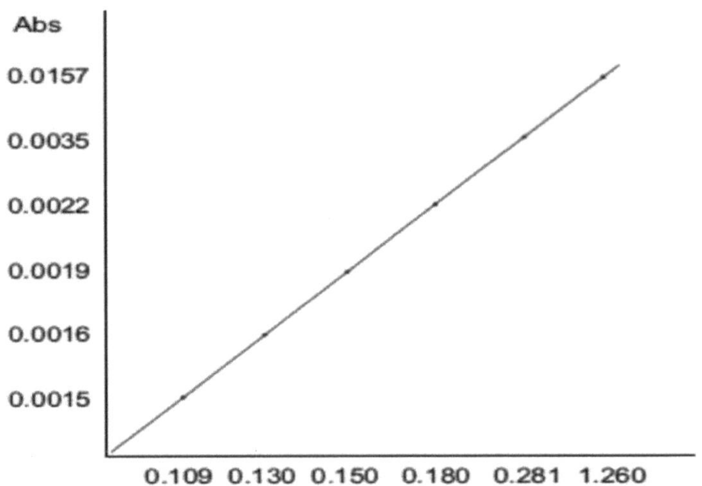

Concertation (mg/L)

Apêndice vi: Ni

Anova: Single Factor

SUMMARY

Groups	*Count*	*Sum*	*Average*	*Variance*
Column 1	3	-0.498	-0.166	0.000021
Column 2	3	-0.446	-0.14867	0.000112
Column 3	3	-0.418	-0.13933	3.73E-05
Column 4	3	-0.434	-0.14467	0.000372
Column 5	3	-0.418	-0.13933	3.23E-05
Column 6	3	-0.378	-0.126	0.000013
Column 7	3	-0.371	-0.12367	0.00012
Column 8	3	-	-0.123	0.000052

		0.369		
Column 9	3	-355	-118.333	1.333333
Column 10	3	-0.313	-0.10433	6.33E-06
Column 11	3	-0.152	-0.05067	7.03E-05
Column 12	3	1.412	0.470667	0.004358

ANOVA

Source of Variation	*SS*	*df*	*MS*	*F*	*P-value*	*F crit*
Between Groups	38461.62	11	3496.51	31346.45	4.41E-47	2.216309
Within Groups	2.677058	24	0.111544			
Total	38464.29	35				

Apêndice vii: Co

Anova: Single Factor

SUMMARY

Groups	*Count*	*Sum*	*Average*	*Variance*
Column 1	3	0.156	0.052	0.000111
Column 2	3	0.215	0.071667	4.43E-05
Column 3	3	0.231	0.077	9.1E-05
Column 4	3	0.25	0.083333	2.03E-05
Column 5	3	0.267	0.089	0.000093
Column 6	3	0.35	0.116667	8.63E-05
Column 7	3	0.325	0.108333	1.03E-05
Column 8	3	0.322	0.107333	4.43E-05
Column 9	3	0.358	0.119333	3.33E-07
Column 10	3	0.417	0.139	5.7E-05
Column 11	3	0.529	0.176333	0.000126
Column 12	3	5.653	1.884333	0.655302

Column 13	3	1.553	0.517667	0.004996

ANOVA

Source of Variation	*SS*	*df*	*MS*	*F*	*P-value*	*F crit*
Between Groups	8.951368	12	0.745947	14.67105	1.2E-08	2.147926
Within Groups	1.321966	26	0.050845			
Total	10.27333	38				

Apêndice viii: Mn

Anova: Single Factor

SUMMARY

Groups	*Count*	*Sum*	*Average*	*Variance*
Column 1	3	0.083	0.027667	6.33E-06
Column 2	3	0.108	0.036	7E-06
Column 3	3	0.091	0.030333	1.33E-06
Column 4	3	0.111	0.037	0.000012
Column 5	3	0.099	0.033	0
Column 6	3	0.11	0.036667	4.63E-05
Column 7	3	0.14	0.046667	1.63E-05
Column 8	3	0.105	0.035	1E-06
Column 9	3	0.125	0.041667	2.63E-05
Column 10	3	0.12	0.04	0.000075
Column 11	3	0.887	0.295667	5.23E-05
Column 12	3	0.118	0.039333	2.33E-06

Column 13	3	0.131	0.043667	8.33E-06

ANOVA

Source of Variation	*SS*	*df*	*MS*	*F*	*P-value*	*F crit*
Between Groups	0.185905	12	0.015492	790.8264	4E-30	2.147926
Within Groups	0.000509	26	1.96E-05			
Total	0.186414	38				

Apêndice ix: Cu

Anova: Single Factor

SUMMARY

Groups	*Count*	*Sum*	*Average*	*Variance*
Column 1	3	-0.127	-0.04233	0.000104
Column 2	3	-0.058	-0.01933	2.23E-05
Column 3	3	-0.11	-0.03667	6.33E-06
Column 4	3	-0.05	-0.01667	8.13E-05
Column 5	3	-0.088	-0.02933	6.93E-05
Column 6	3	-0.115	-0.03833	1.23E-05
Column 7	3	-0.092	-0.03067	3.63E-05
Column 8	3	-0.106	-0.03533	5.33E-06
Column 9	3	-	-0.04167	3.43E-05

		0.125		
		-		
Column 10	3	0.071	-0.02367	3.73E-05
Column 11	3	0.043	0.014333	4.13E-05
Column 12	3	7.984	2.661333	4.153632
Column 13	3	0.821	0.273667	0.002156

ANOVA

Source of Variation	*SS*	*df*	*MS*	*F*	*P-value*	*F crit*
Between Groups	19.9025	12	1.658542	5.187633	0.00022	2.147926
Within Groups	8.312479	26	0.319711			
Total	28.21498	38				

Apêndice x: Cr

Anova: Single Factor

SUMMARY

Groups	*Count*	*Sum*	*Average*	*Variance*
Column 1	3	0.769	0.256333	0.000416
Column 2	3	0.908	0.302667	8.63E-05
Column 3	3	0.913	0.304333	0.000286
Column 4	3	0.945	0.315	0.000025
Column 5	3	0.948	0.316	0.000192
Column 6	3	0.911	0.303667	1.23E-05
Column 7	3	0.838	0.279333	7.43E-05
Column 8	3	0.966	0.322	0.000217
Column 9	3	0.871	0.290333	0.00011
Column 10	3	0.967	0.322333	0.000121
Column 11	3	0.662	0.220667	9.43E-05
Column 12	3	0.791	0.263667	0.0002
Column 13	3	0.979	0.326333	0.000649

ANOVA

Source of Variation	*SS*	*df*	*MS*	*F*	*P-value*	*F crit*
Between Groups	0.035333	12	0.002944	15.40142	7.13E-09	2.147926
Within Groups	0.004971	26	0.000191			
Total	0.040304	38				

Apêndice xi: Pb

Anova: Single Factor

SUMMARY

Groups	*Count*	*Sum*	*Average*	*Variance*
Column 1	3	0.703	0.234333	0.084846
Column 2	3	0.365	0.121667	0.00077
Column 3	3	0.54	0.18	0.003844
Column 4	3	0.518	0.172667	0.002345
Column 5	3	0.45	0.15	0.002353
Column 6	3	0.368	0.122667	0.00021
Column 7	3	0.435	0.145	0.000427
Column 8	3	0.42	0.14	0.001339
Column 9	3	0.391	0.130333	0.000261
Column 10	3	0.467	0.155667	0.000737
Column 11	3	0.842	0.280667	0.001057
Column 12	3	0.433	0.144333	0.000836
Column 13	3	0.406	0.135333	0.000696

ANOVA

Source of Variation	*SS*	*df*	*MS*	*F*	*P-value*	*F crit*
Between Groups	0.077716	12	0.006476	0.844251	0.60778	2.147926
Within Groups	0.199448	26	0.007671			
Total	0.277164	38				

Printed by Books on Demand GmbH, Norderstedt / Germany